PLC 应用技术
（FX₅ᵤ 系列）

主　编　陈　娟　尹智龙

副主编　李绘英　周　军　石　宏
　　　　余　波　杨弟平　梁培辉

北京理工大学出版社
BEIJING INSTITUTE OF TECHNOLOGY PRESS

图书在版编目（CIP）数据

PLC 应用技术 / 陈娟，尹智龙主编. －－ 北京：北京理工大学出版社，2022.12

ISBN 978 - 7 - 5763 - 2021 - 3

Ⅰ. ①P… Ⅱ. ①陈… ②尹… Ⅲ. ①PLC 技术 Ⅳ. ①TM571.61

中国国家版本馆 CIP 数据核字（2023）第 003493 号

出版发行 / 北京理工大学出版社有限责任公司	
社　　址 / 北京市海淀区中关村南大街 5 号	
邮　　编 / 100081	
电　　话 / （010）68914775（总编室）	
（010）82562903（教材售后服务热线）	
（010）68944723（其他图书服务热线）	
网　　址 / http：//www.bitpress.com.cn	
经　　销 / 全国各地新华书店	
印　　刷 / 河北盛世彩捷印刷有限公司	
开　　本 / 787 毫米 × 1092 毫米　1/16	
印　　张 / 18.5	责任编辑 / 王玲玲
字　　数 / 412 千字	文案编辑 / 王玲玲
版　　次 / 2022 年 12 月第 1 版　2022 年 12 月第 1 次印刷	责任校对 / 刘亚男
定　　价 / 95.00 元	责任印制 / 施胜娟

前　言

PLC 技术是高职高专电类专业的核心课程内容，PLC 是高职各种职业技能竞赛的常用控制器，很多种类的竞赛都是围绕 PLC 技术应用展开的综合项目。PLC 的种类繁多，发展速度快。本书讲解的 FX_{5U} 系列是三菱近几年推行的产品，同时也是未来的发展方向。

本书分为任务清单和正文两册，包括绪论和三大部分八个项目及其若干任务单元。每一内容都围绕具体的案例展开，按照教、学、做一体化的教学模式编写。绪论介绍 PLC 的产品及应用；第一部分重点介绍 FX_{5U} 系列 PLC 常用指令的应用，每个任务都有几个案例针对不同常用指令的应用；第二部分重点介绍 FX_{5U} 系列 PLC 应用指令的应用，包括顺序控制和模拟量控制；第三部分重点介绍 FX_{5U} 系列 PLC 的综合应用，包括 PLC 对变频器的控制、PLC 对 MELSERVO – JE 系列伺服的控制以及与 HMI 上位组态技术的综合应用。

本书由九江职业大学陈娟老师、尹智龙老师主编并负责全书审稿工作，九江职业大学李绘英、周军、石宏、余波、梁培辉任副主编，由三菱公司提供技术支持，其公司杨弟平工程师任副主编。

由于编者水平和实践经验有限，书中难免有不妥之处，欢迎广大读者提出宝贵意见。

编　者

目录

绪　论 ………………………………………………………………………………… 1

第一部分　FX$_{5U}$系列 PLC 常用指令的应用

项目一　FX$_{5U}$系列 PLC 对三相异步电动机的控制 ……………………………… 9
  任务一　GX Works3 软件安装与使用 ………………………………………… 9
  任务二　三相异步电动机的正反转控制 …………………………………… 25
  任务三　三相异步电动机的点动与连续控制 ……………………………… 40
  任务四　三相异步电动机的单按钮启停控制 ……………………………… 46

项目二　FX$_{5U}$系列 PLC 常用指令的应用 ……………………………………… 52
  任务一　定时器实现彩灯闪烁控制 ………………………………………… 52
  任务二　计数器实现地下停车场出入口管制控制 ………………………… 58

项目三　FX$_{5U}$系列 PLC 基本指令的应用 ……………………………………… 64
  任务一　比较指令实现十字路口交通灯控制 ……………………………… 64
  任务二　音乐喷泉的设计 …………………………………………………… 71
  任务三　数码显示控制 ……………………………………………………… 81

第二部分　FX$_{5U}$系列 PLC 应用指令的应用

项目四　FX$_{5U}$系列 PLC 的顺序控制设计法 …………………………………… 95
  任务一　液体混合控制 ……………………………………………………… 95
  任务二　钻床钻孔控制 ……………………………………………………… 105
  任务三　开关门控制 ………………………………………………………… 114

项目五　FX$_{5U}$系列 PLC 的模拟量控制 ………………………………………… 124
  任务一　模拟量输入控制 …………………………………………………… 124
  任务二　模拟量输出控制 …………………………………………………… 133

第三部分　FX$_{5U}$系列 PLC 的综合应用

项目六　FX$_{5U}$系列 PLC 对变频器的控制 ································ 145

　　任务一　基于 PLC 的数字量方式多段速控制 ······················ 145

　　任务二　基于 PLC 的模拟量方式变频调速控制 ···················· 158

项目七　FX$_{5U}$系列 PLC 对 MELSERVO – JE 系列伺服的控制 ······ 165

　　任务一　FX$_{5U}$系列 PLC 子程序的应用 ··························· 165

　　任务二　FX$_{5U}$系列 PLC 对 MR – JE – A 系列伺服的控制 ········ 173

　　任务三　FX$_{5U}$系列 PLC 对 MR – JE – B 系列伺服的控制 ········ 188

项目八　FX$_{5U}$系列 PLC 与 HMI 的综合应用 ···················· 189

　　任务一　FX$_{5U}$的 SLMP 协议实现与 HMI 的通信 ·············· 189

　　任务二　FX$_{5U}$的 MODBUS TCP 协议实现与 HMI 的通信 ······ 196

绪 论

一、PLC 的产生与发展

可编程控制器简称 PLC（Programmable Logic Controller），在 1987 年国际电工委员会（International Electrical Committee）颁布的 PLC 标准草案中对 PLC 做了如下定义：PLC 是一种专门为在工业环境下应用而设计的数字运算操作的电子装置。它采用可以编制程序的存储器，用来在其内部存储执行逻辑运算、顺序运算、计时、计数和算术运算等操作的指令，并能通过数字式或模拟式的输入和输出，控制各种类型的机械或生产过程。PLC 及其有关的外围设备都应该按易于与工业控制系统形成一个整体，易于扩展其功能的原则而设计。

1968 年，美国最大的汽车制造商——通用汽车公司（GM 公司），为了适应生产工艺不断更新的需要，提出要用一种新型的工业控制器取代继电接触器控制装置。第二年，美国数字设备公司（DEC 公司）研制出了第一台可编程序控制器，并在美国通用汽车公司的自动装配线上试用成功，取得满意的效果，可编程序控制器自此诞生。

20 世纪 80 年代至 90 年代中期是 PLC 发展最快的时期，年增长率一直保持在 30%～40%。这一时期，PLC 在处理模拟量能力、数字运算能力、人机接口能力和网络能力等方面得到大幅度提高，同时，PLC 逐渐进入过程控制领域，在某些方面逐步取代了在过程控制领域处于统治地位的集散控制系统（DCS）。目前，世界上有 200 多厂家生产 300 多个品种的 PLC 产品，应用在汽车、机械制造、化学、制药、金属、矿山和造纸等许多行业。

二、PLC 的分类及特点

（一）PLC 的分类

1. 按产地分

可分为日系、韩系、欧美、国产等。其中日韩系列具有代表性的为三菱、欧姆龙、松下、光洋、LG 等；欧美系列具有代表性的为西门子、A－B、通用电气、德州仪表等；国产系列具有代表性的为台达、和利时、浙江中控等，见表 1。

表 1　PLC 的主要产品

国家	公司	产品型号
德国	西门子（SIEMENS）	S7－200 Smart、S7－1200、S7－300/400、S7－1500

国家	公司	产品型号
美国	GE Fanuc	$90^{TM}-30$、$90^{TM}-70$、VersaMax、Rx3i
日本	三菱（MITSUBISHI）	FX_{3U}/FX_{5U}系列、Q 系列、L 系列
法国	施耐德（Schneider）	Twido、Micro、Premium、Quantum 系列
中国	无锡信捷	XE 系列、XD3 系列、XC 系列
中国	深圳汇川	H2U/H3U/H5U 系列、AM400/600/610 系列

  20 世纪 80 年代三菱电动机推出了 F 系列小型 PLC，其后经历了 F1、F2、FX2 系列，在硬件和软件功能上不断完善和提高，再后来推出了诸如 FX_{1N}、FX_{2N} 等系列的第二代产品 PLC，实现了微型化和多品种化，可满足不同用户的需要。2012 年，三菱官网发布三菱 FX2N 停产通知，作为老一代经典机型，已经慢慢退出了市场。三菱 FX_{3U} 系列 PLC 是三菱的第三代小型可编程序控制器，也是当前的主流产品。相比 FX_{2N}，FX_{3U} 在接线的灵活性、用户存储器、指令处理速度等方面性能得到了提高。三菱 FX_{5U} 作为 FX_{3U} 系列的升级产品，以基本性能的提升、与驱动产品的连接、软件环境的改善作为亮点于 2015 年问世。

2. 按点数分

  可分为大型机、中型机及小型机等。大型机一般 I/O 点数大于 2 048 点；具有多 CPU、16 位/32 位处理器，用户存储器容量 8~16 KB，具有代表性的为西门子 S7-400 系列、通用公司的 GE-Ⅳ系列等；中型机一般 I/O 点数为 256~2 048 点；单/双 CPU，用户存储器容量为 2~8 KB，具有代表性的为西门子 S7-300 系列、三菱 Q 系列等；小型机一般 I/O 点数小于 256 点，单 CPU，8 位或 16 位处理器，用户存储器容量 4 KB 字以下，具有代表性的为西门子 S7-200 系列、三菱 FX 系列等。

3. 按结构分

  可分为整体式和模块式。图 1 为整体式 PLC，其将电源、CPU、I/O 接口等部件都集中装在一个机箱内，具有结构紧凑、体积小、价格低的特点；小型 PLC 一般采用这种整体式结构。图 2 为模块式 PLC，其由不同 I/O 点数的基本单元（又称主机）和扩展单元组成。基本单元内有 CPU、I/O 接口、与 I/O 扩展单元相连的扩展口，以及与编程器或 EPROM 写入器相连的接口等；扩展单元内只有 I/O 和电源等，没有 CPU；基本单元和扩展单元之间一般用扁平电缆连接；整体式 PLC 一般还可配备特殊功能单元，如模拟量单元、位置控制单元等，使其功能得以扩展。这种模块式 PLC 的特点是配置灵活，可根据需要选配不同规模的系统，而且装配方便，便于扩展和维修。大、中型 PLC 一般采用模块式结构。

4. 按功能分

  可分为低档、中档、高档三类。低档 PLC 具有逻辑运算、定时、计数、移位以及自诊断、监控等基本功能，还可有少量模拟量输入/输出、算术运算、数据传送和比较、通信等功能；主要用于逻辑控制、顺序控制或少量模拟量控制的单机控制系统。中档 PLC 除具有低档 PLC 的功能外，还具有较强的模拟量输入/输出、算术运算、数据传送和比较、数制转

图1　整体式 PLC 示例

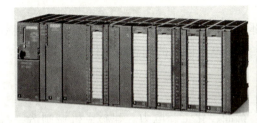

图2　模块式 PLC 示例

换、远程 I/O、子程序、通信联网等功能，有些还可增设中断控制、PID 控制等功能，适用于复杂控制系统。高档 PLC 除具有中档机的功能外，还增加了带符号算术运算、矩阵运算、位逻辑运算、平方根运算及其他特殊功能函数的运算、制表及表格传送功能等。高档 PLC 机具有更强的通信联网功能，可用于大规模过程控制或构成分布式网络控制系统，实现工厂自动化。

（二）PLC 的特点

1. 可靠性高，抗干扰能力强

高可靠性是电气控制设备的关键性能。PLC 由于采用现代大规模集成电路技术，采用严格的生产工艺制造，内部电路采取了先进的抗干扰技术，具有很高的可靠性。一些使用冗余 CPU 的 PLC 的平均无故障工作时间则更长。从 PLC 的机外电路来说，使用 PLC 构成控制系统，和同等规模的继电接触器系统相比，电气接线及开关接点已减少到数百甚至数千分之一，故障也就大大降低。此外，PLC 带有硬件故障自我检测功能，出现故障时可及时发出警报信息。在应用软件中，应用者还可以编入外围器件的故障自诊断程序，使系统中除 PLC 以外的电路及设备也获得故障自诊断保护。这样，整个系统具有极高的可靠性也就不足为奇了。

2. 配套齐全，功能完善，适用性强

PLC 发展到今天，已经形成了大、中、小各种规模的系列化产品。可以用于各种规模的工业控制场合。除了逻辑处理功能以外，现代 PLC 大多具有完善的数据运算能力，可用于各种数字控制领域。近年来，PLC 的功能单元大量涌现，使 PLC 渗透到了位置控制、温度控制、数控机床等各种工业控制中。加上 PLC 通信能力的增强及人机界面技术的发展，使用 PLC 组成各种控制系统变得非常容易。

3. 易学易用，深受工程技术人员欢迎

PLC 作为通用工业控制计算机，是面向工矿企业的常用工控设备。它接口简单，编程语

言易于为工程技术人员所接受。梯形图语言的图形符号及表达方式与继电器电路图相当接近，只用 PLC 的少量开关量逻辑控制指令就可以方便地实现继电器电路的功能。为不熟悉电子电路、不懂计算机原理和汇编语言的人使用计算机从事工业控制打开了方便之门。

4. 系统的设计、建造工作量小，维护方便，容易改造

PLC 用存储逻辑代替接线逻辑，大大减少了控制设备外部的接线，使控制系统设计及建造的周期大为缩短，同时维护也变得容易起来。更重要的是，使同一设备通过改变程序来改变生产过程成为可能。这很适合多品种、小批量的生产场合。

5. 体积小，质量小，能耗低

以超小型 PLC 为例，新近出产的品种底部尺寸小于 100 mm，质量小于 150 g，功耗仅数瓦。因体积小，其很容易装入机械内部，是实现机电一体化的理想控制设备。

三、PLC 的应用领域

目前，PLC 在国内外已广泛应用于钢铁、石油、化工、电力、建材、机械制造、汽车、轻纺、交通运输、环保及文化娱乐等各个行业，使用情况大致可归纳为如下几类。

1. 开关量的逻辑控制

这是 PLC 最基本、最广泛的应用领域，它取代传统的继电器电路，实现逻辑控制、顺序控制，既可用于单台设备的控制，也可用于多机群控及自动化流水线。如注塑机、印刷机、订书机械、组合机床、磨床、包装生产线、电镀流水线等。

2. 模拟量控制

在工业生产过程当中，有许多连续变化的量，如温度、压力、流量、液位和速度等都是模拟量。为了使可编程控制器处理模拟量，必须实现模拟量（Analog）和数字量（Digital）之间的 A/D 转换及 D/A 转换。PLC 厂家都生产配套了 A/D 和 D/A 转换模块，使可编程控制器能够用于模拟量控制。

3. 运动控制

PLC 可以用于圆周运动或直线运动的控制。从控制机构配置来说，早期直接用于开关量的 I/O 模块连接位置传感器及执行器，现在一般使用专用的运动控制模块。如可驱动步进电动机或伺服电动机的单轴或多轴位置控制模块。世界上各主要 PLC 厂家的产品几乎都有运动控制功能，广泛用于各种数控机床、五自由度机械手、智能电梯等场合。

4. 过程控制

过程控制是指对温度、压力、流量等模拟量的闭环控制。作为工业控制计算机，PLC 能编制各种各样的控制算法程序，完成闭环控制。PID 调节是一般闭环控制系统中用得较多的调节方法。大中型 PLC 都有 PID 模块，目前许多小型 PLC 也具有此功能模块。PID 处理一般是运行专用的 PID 子程序。过程控制在冶金、化工、热处理、锅炉控制等场合有非常广泛的应用。

5. 数据处理

现代 PLC 具有数学运算（含矩阵运算、函数运算、逻辑运算）、数据传送、数据转换、排序、查表、位操作等功能，可以完成数据的采集、分析及处理。这些数据可以与存储在存

储器中的参考值比较，完成一定的控制操作，也可以利用通信功能传送到别的智能装置，或将它们打印制表。数据处理一般用于大型控制系统，如无人控制的柔性制造系统；也可用于过程控制系统，如造纸、冶金、食品工业中的一些大型控制系统。

6. 通信及联网

PLC 通信含 PLC 间的通信及 PLC 与其他智能设备间的通信。随着计算机控制的发展，工厂自动化网络发展得很快，各 PLC 厂商都十分重视 PLC 的通信功能，纷纷推出各自的网络系统。新近生产的 PLC 都具有 RS232、RS485 及至 LAN 通信接口，通信非常方便。

拓展训练

1. PLC 具有什么特点？主要应用在哪些方面？
2. 整体式 PLC 与模块式 PLC 各有什么特点？
3. 三菱公司主要的 PLC 产品是哪些？西门子公司主要的 PLC 产品是哪些？

第一部分 FX_{5U} 系列 PLC 常用指令的应用

项目一

FX_{5U}系列PLC对三相异步电动机的控制

知识目标

1. 掌握 GX Works3 编程软件的安装与使用方法；
2. 掌握 FX_{5U} 系列 PLC 的外部接线方法；
3. 掌握 FX_{5U} 系列 PLC 基本指令、置复位指令、边沿脉冲指令的使用方法。

能力目标

1. 能熟练使用 GX Works3 编程软件完成三相异步电动机正反转控制程序的编写、调试与运行；
2. 能熟练使用 GX Works3 编程软件完成三相异步电动机点动与连续运行控制程序的编写、调试与运行；
3. 能熟练使用 GX Works3 编程软件完成三相异步电动机单按钮启停控制程序的编写、调试与运行。

素质目标

1. 激发学生对新事物的认知热情；
2. 培养学生积极思考、举一反三的学习品质；
3. 培养学生不怕犯错，敢于尝试，善于总结反思的实践精神。

任务一　GX Works3 软件安装与使用

相关知识

三菱 FX_{5U} 系列 PLC 使用的编程软件为 GX Works3，该软件可实现以工程为单位，对每个 CPU 模块进行程序及参数的管理，有程序创建、参数设置、CPU 模块的写入/读取、监视/调试、诊断等功能。软件支持梯形图（LD）、功能块（FBD）、顺序功能图（SFC）和结构化文本（ST）等多种语言进行程序编写，可进行程序的线上修改、监控及调试等功能。

该编程软件具有丰富的工具箱和可视化界面，既可以联机操作，也可以脱机编程，并且支持仿真功能，可以完全保证设计者进行 PLC 程序的开发与调试工作。

1. 软件下载

在百度三菱电动机自动化（中国）有限公司官网，单击图 1-1-1 中的搜索键，出现图 1-1-2，在图中搜索位置输入"GX Works3"，如图 1-1-3（a）所示。选中如图 1-1-3（b）所示的资料中心的软件，出现图 1-1-4，单击 GX Works3 旁边的"查看"命令，便能下载 GX Works3 软件，具体网址为 https://www.mitsubishielectric-fa.cn/site/file-software-detail?id=16。

关于我们

Factory Automation

图 1-1-1 官网搜索

搜索

Factory Automation

图 1-1-2 输入搜索

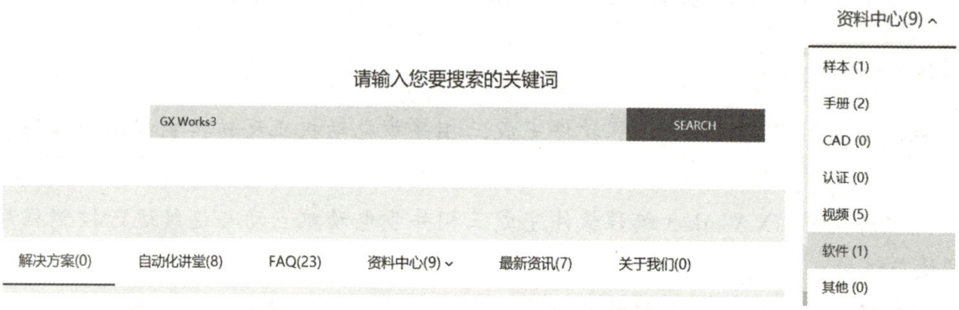

请输入您要搜索的关键词

GX Works3

SEARCH

解决方案(0)　自动化讲堂(8)　FAQ(23)　资料中心(9)∨　最新资讯(7)　关于我们(0)

（a）

资料中心(9)∧

样本 (1)
手册 (2)
CAD (0)
认证 (0)
视频 (5)
软件 (1)
其他 (0)

（b）

图 1-1-3 搜索过程

文件标题	文件类别	更新日期	操作
iQ-F安全模块配置指南	可编程控制器MELSEC	2020年02月26日	查看
MELSEC iQ-L 选型软件	可编程控制器MELSEC	2021年07月20日	查看
MELSEC iQ-R选型软件	可编程控制器MELSEC	2021年07月20日	查看
MELSEC iQ-F选型软件	可编程控制器MELSEC	2021年06月03日	查看
SW1DNN-EIPXTFX5-ED 00A	可编程控制器MELSEC	2020年01月22日	查看
GX Works3	可编程控制器MELSEC	2022年07月01日	查看
GX Works2	可编程控制器MELSEC	2022年11月04日	查看

图 1-1-4 搜索结果

2. 软件的安装环境

①CPU：Intel Core 2 Duo 2 GHz 以上；
②内存：2 GB 以上；

③硬盘：空间 10 GB 以上；

④显示器：分辨率 1 024×768 像素以上；

⑤操作系统：Windows XP、Windows 7、Windows 8、Windows 9、Windows 10 的 32 位或 64 位操作系统。

3. 软件安装

安装前，结束所有运行程序，拔出 U 盘，关闭所有的杀毒软件。

在键盘上按下 Windows + R 组合键，在弹出的界面中输入图 1 − 1 − 5 所示的"appwiz. cpl"命令，appwiz. cpl 是控制面板项之一，可以用来安全地从计算机上删除程序和添加程序。在弹出的界面中选中"启用或关闭 Windows 功能"，启用 NET Framework 3.5 功能。

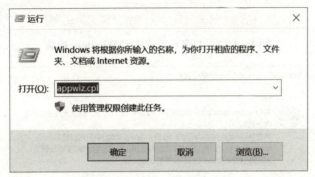

图 1 − 1 − 5　打开控制面板命令

如果计算机没有下载启用此功能所需的文件，则会弹出图 1 − 1 − 6 所示的下载画面，等待下载完再单击图 1 − 1 − 7 中的"确定"按钮，即成功启用此功能。

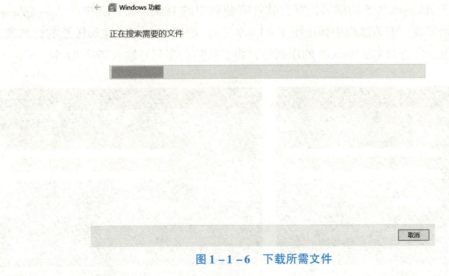

图 1 − 1 − 6　下载所需文件

如果没有启用此功能，则在安装过程中会弹出图 1 − 1 − 8 所示的提示框，提醒启用此功能，才能继续软件的安装。

图 1 - 1 - 7　打开启用或关闭 Windows 功能

图 1 - 1 - 8　安装提示框

　　启用 NET Framework 3.5 功能后，双击软件安装包中的 Disk 1 文件夹中的 "setup. exe" 运行文件，开始安装。安装过程中弹出图 1 - 1 - 9（a）所示的画面，输入任意的姓名和公司名，同时网上百度查找 GX Works3 的序列号，将查找到的序列号输入产品 ID 中。

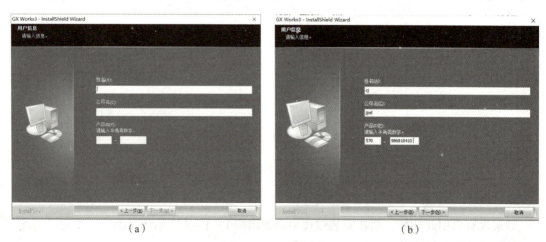

（a）　　　　　　　　　　　　　　　（b）

图 1 - 1 - 9　序列号

单击"下一步"按钮，让其自动安装，等待安装完成。安装过程大约 10 分钟，安装完成后重启电脑即可。

应用实施

GX Works3 软件的使用

1. 创建新工程

双击软件快捷方式，弹出启动界面，如图 1 – 1 – 10 所示。

图 1 – 1 – 10　启动界面

在启动界面中，选择菜单栏的"工程"→"创建新工程"命令，或者单击工具栏中的"新建"按钮 ，可以创建一个新工程；然后选择 PLC 系列、机型、程序语言，如图 1 – 1 – 11 所示。

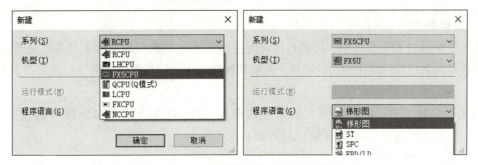

图 1 – 1 – 11　创建新工程 （以 FX₅ᵤ为例）

在弹出的窗口直接单击"确定"按钮即可，进入图 1 – 1 – 12 所示的界面。

各组成部分的作用如下：

①标题栏：用于显示项目名称和程序步数。

②菜单栏：以菜单方式调用编程工作所需的各种命令。

③工具栏：提供常用命令的快捷图标按钮，便于快速调用。

④导航窗口：导航窗口位于最左侧，可自动折叠（隐藏）或悬浮显示；以树状结构形式显示工程内容；通过树状结构可以进行新建数据或显示所编辑画面等操作。

⑤工作窗口：进行程序编写、运行状态监视的工作区域。

⑥部件选择窗口：以一览形式显示用于创建程序的指令或 FB 功能等，可通过拖曳方式将指令放置到工作窗口进行程序编辑。该窗口也可自动折叠（隐藏）或悬浮显示。

⑦监看窗口：从监看窗口可选择性查看程序中的部分软元件或标签，监看运行数据。

⑧交叉参照窗口：可筛选后显示所创建的软元件或标签的交叉参照信息。

⑨状态栏：显示当前进度和其他相关信息。

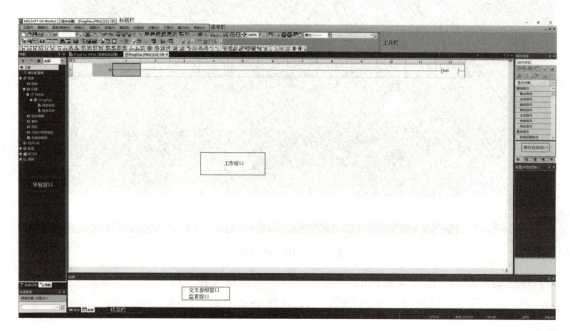

图 1 - 1 - 12　FX₅ᵤ工程界面

2. 模块配置

在 GX Works3 编程软件中，可通过模块配置图的方式设置可编程控制器和扩展模块的参数，即按照与系统实际使用相同的硬件，在模块配置图中配置各模块部件（对象）及其参数。

（1）创建模块配置图

双击"导航"窗口工程视图上的"模块配置图"，勾选"不再显示该对话框"，单击"确定"按钮，弹出图 1 - 1 - 13 所示的界面。

（2）更改 CPU 型号

在 CPU 模块上右击，选择"CPU 型号更改"命令，弹出"CPU 型号更改"对话框，如图 1 - 1 - 14 所示。在对话框的"更改后"一栏选择实际对应的 CPU 模块型号，单击"确定"按钮即修改完成。

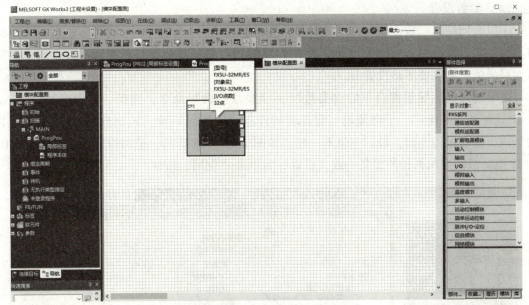

图 1 - 1 - 13　模块配置图的创建

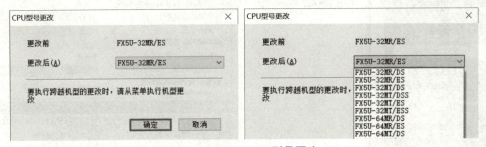

图 1 - 1 - 14　CPU 型号更改

（3）添加扩展模块

如果有扩展其他模块，根据实际情况添加，如扩展了一个 8 点输入 FX5 - 8EX/ES 模块和一个 4 通道模拟适配器（FX5 - 4AD - ADP），可在"部件选择"窗口单击并拖动所选择的模块，到工作窗口 CPU 对应位置并松开鼠标。使用同样方法添加 FX5 - 4AD - ADP 完成配置，如图 1 - 1 - 15 所示。

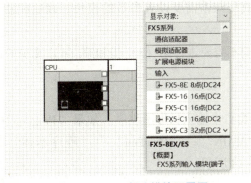

图 1 - 1 - 15　创建模块配置图

（4）参数设置

①以太网端口参数设置：PLC 只与计算机相连下载或上传程序时，可以不设置以太网端口参数，将计算机以太网改为自动获取 IP。如果 PLC 要和其他设备相连，并且它们之间用以太网通信，则需要手动设置 IP。

可以通过左侧导航窗口下的"参数"→"模块参数"命令，选择"以太网端口"，设置 IP 地址和子网掩码。子网掩码与要连接的设备子网掩码一致，如 255.255.255.0，则 IP 地址前三位与设备一致，最后一位不一样。如图 1－1－16 所示，子网掩码为 255.255.0.0，则 IP 地址只需要前两位与设备一致，设置好后单击"应用"按钮。

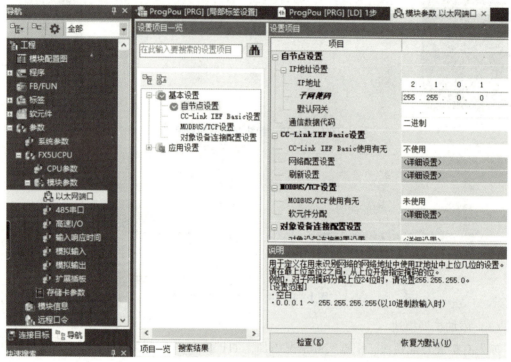

图 1－1－16　以太网端口设置

②扩展模块参数设置：首先选择需要编辑参数的模块。可以通过左侧导航窗口下的"参数"→"模块参数"命令，选择已配置的模块，在弹出的配置详细信息输入窗口中进行参数设置和调整；也可以直接双击需要设置参数的模块。以适配器 FX5－4AD－ADP 为例，如图 1－1－17 所示。

如果没有扩展模块，则不需要进行第（3）步和第（4）②步的设置。

3. 程序编辑

（1）打开编程窗口

在"ProgPou（LD）"窗口中输入梯形图程序。如果"ProgPou（LD）"窗口被关闭，在左侧导航的"程序"→"MAIN"→"ProgPou"→"程序本体"上双击，弹出"ProgPou（LD）"窗口，如图 1－1－18 所示。

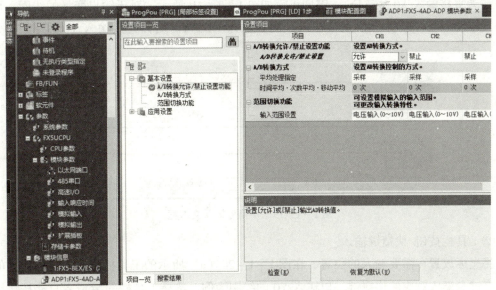

图 1 - 1 - 17 模块参数配置图

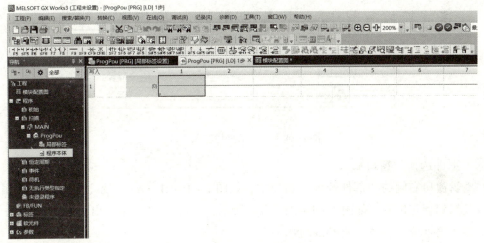

图 1 - 1 - 18 打开编程窗口

（2）设置写入模式

选择工具栏中的 ![icon]（写入模式），或按下 F2 快捷键或者单击标题栏中的"编辑"→"梯形图编辑模式"→"写入模式"，处于写入模式才可以写入程序。如果处于 ![icon]（读取模式），则只能进行读取或查找等功能，不能写入程序。每次程序转换或下载完，都会处于读取模式。

（3）程序编写

梯形图程序可采用指令输入文本框、工具栏按钮/快捷键、部件选择窗口等方式编辑。以点动控制为例输入程序。

①指令输入文本框。

将光标放置在需要输入的位置，双击或者直接用键盘输入指令，都会弹出指令输入文本框，如果是输入变量的常开触点，可直接输入地址，也可以将指令完整输入，例如输入 LD

X0，或者直接输入 X0，按 Enter 键即可，如图 1 – 1 – 19 所示。对于输出变量的线圈，可直接输入地址，也可以将指令完整输入，例如输入 OUT Y0 或者直接输入 Y0。英文不分大小写。

图 1 – 1 – 19　用指令输入文本框

②工具栏按钮/快捷键输入。

将光标放置在需要输入的位置，在图 1 – 1 – 20（a）所示的工具栏中选择需要输入的指令或者键盘键入对应的快捷键，以输入 Y0 的线圈为例，选择工具栏的 或者直接按快捷键 F7，弹出文本框，在文本框中输入地址或者参数，如图 1 – 1 – 20（b）所示。

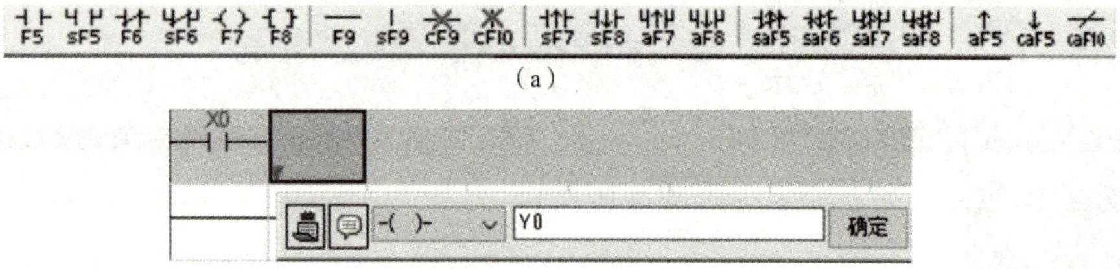

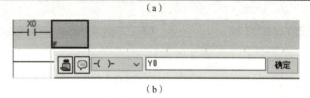

（a）

（b）

图 1 – 1 – 20　工具栏输入方式

③"部件选择"窗口输入。

在编辑窗口右侧的"部件选择"窗口中，如图 1 – 1 – 21（a）所示，单击需要编辑的指令，将其拖到指定位置，如图 1 – 1 – 21（b）所示，双击"？"，在弹出的图 1 – 1 – 21（c）中对应输入地址或者参数，按 Enter 键。

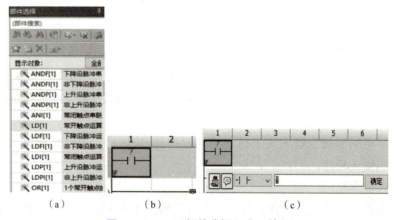

（a）　　　　　　　（b）　　　　　　　（c）

图 1 – 1 – 21　"部件选择"窗口输入

（4）程序转换

程序转换是对新建或更改的程序进行转换及程序检查，确保程序没有语法错误。程序输入完成后，必须要进行转换后才能保存或下载。

单击菜单栏的"转换"命令，如图 1 – 1 – 22（a）所示，或者工具栏的 🔲 按钮，或者按 F4 快捷键，可对程序进行转换。如果没有进行转换就保存或下载，会弹出图 1 – 1 – 22（b）所示的对话框，如果单击了"是"按钮，则新输入或修改的程序将会自动删除。

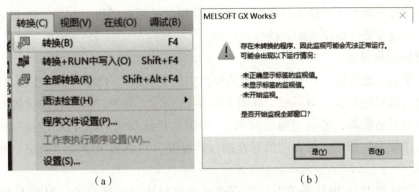

（a）   （b）

图 1 – 1 – 22　程序转换

（5）程序保存

程序转换完成后，选择菜单栏的"工程"→"保存"或者"另存为"命令，弹出如图 1 – 1 – 23（a）所示对话框。文件名一定要取，标题可以设置，也可以不设置，单击"保存"按钮，弹出图 1 – 1 – 23（b），勾选"不再显示该对话框"，单击"是"按钮即可。

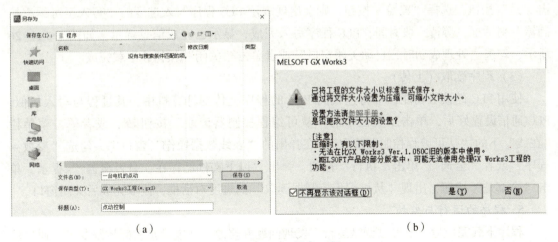

（a）   （b）

图 1 – 1 – 23　保存工程

4. 程序下载与上传

传送程序前，用以太网电缆将计算机以太网端口和 FX₅ᵤ PLC 的内置以太网端口连接，如图 1 – 1 – 24 所示。

图 1 - 1 - 24　以太网链接示意图

对于 IP 地址的设置，采用两种方式：一种是将计算机 IP 设置为自动获取，PLC 的 IP 需要进行设置；另一种是手动输入计算机和 PLC 的 IP，子网掩码设置相同，IP 设置在同一个网段中，具体设置方法见模块配置的参数设置。

（1）连接目标设置

下载程序前，先连接一下 PLC，单击菜单栏中的"在线"下的"当前连接目标"命令，出现"简易连接目标设置"对话框，如图 1 - 1 - 25 所示，选择"直接连接设置"的"以太网"通信，选择适配器，单击"通信测试"，弹出"已成功与 FX_{5U} PLC 连接"的提示，在弹框中单击"确定"按钮，再在"简易连接目标设置"对话框中单击"确定"按钮，则可以下载程序。

如果实验过程中 IP 地址不改变，则不需要再进行连接目标设置，如改了 IP 地址，在"以太网端口"设置新的 IP 地址后需要进行一次连接目标设置才能下载。

（2）程序写入（下载）

单击工具栏中的"写入至可编程控制器"按钮 ，或者单击菜单栏"在线"下的"写入至可编程控制器"，在弹出的"在线数据操作"窗口中，勾选"参数 + 程序"或者"全选"，单击"执行"按钮，出现"远程 STOP 后，是否执行可编程控制器的写入"提示，单击"是"按钮，选择"覆盖"按钮，则会出现表示 PLC 程序写入进度的"写入至可编程控制器"对话框，等待一段时间，PLC 程序写入完成，显示已完成信息提示，如图 1 - 1 - 26所示，勾选"处理成功时，自动关闭窗口"或者单击"关闭"按钮，下载完成。

（3）程序读取（上传）

使用 PLC 的读取功能，可将连线的 PLC 的程序上传到计算机中，其过程与写入相似。PLC 通信设置好后，单击工具栏中的"从可编程控制器读取"按钮 ，或者单击菜单栏"在线"下的"从可编程控制器读取"，在弹出的"在线数据操作"窗口中，勾选"参数 + 程序"或者"全选"，单击"执行"按钮，弹出"以下文件已存在，是否覆盖?"提示，单击"全都是"按钮，出现"从可编程控制器读取"的进度对话框，读取完成后关闭窗口。

5. 程序的运行与监控

程序下载完成后，要经过调试运行，发现问题并修改，才能满足实际控制要求。通过软件的程序监视和监控功能，可实现程序的运行监控。

（1）程序运行

程序下载完成后，弹出"CPU 处于 STOP 状态，是否执行远程 RUN"，单击"确定"按钮。新建的工程项目或者除程序以外的其他参数如果有改动，则都需要对 CPU 模块进行复位，否则 P. RUN 运行状态指示灯不亮，CPU 不能处于运行状态。

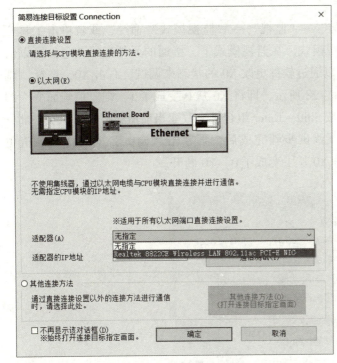

图 1 - 1 - 25　连接目标设置

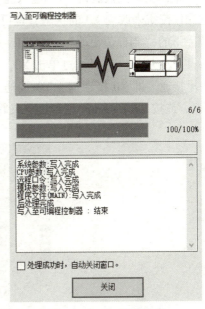

图 1 - 1 - 26　下载完成

　　复位方法分为硬件复位和软件复位两种。其中，硬件复位可以通过 PLC 本体左侧盖板下的 "RUN/STOP/RESET" 开关进行调整。将开关拨至 RESET 位置并保持，直到 ERR 指示灯闪烁，松开，再将开关拨至 RUN 位置，可执行程序。也可以通过将电源重新上电，则 P. RUN 运行状态亮，可执行程序。软件复位方法：选中 "导航" → "参数" → "FX₅ᵤ CPU" → "CPU 参数"，双击 "CPU 参数"，在 "设置项目一览" 中单击 "运行关联设置"，单击 "远程复位设置"，将其改成 "允许" 状态，如图 1 - 1 - 27 所示。设置完成后，一定要单击右下角的 "应用" 按钮，再执行菜单栏 "在线" 下的 "远程操作" 命令，将 PLC 设定为 "RESET"（复位）模式，再单击 "RUN"（运行）模式，此时运行指示灯 P. RUN 亮。

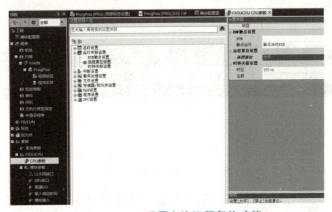

图 1 - 1 - 27　设置允许远程复位功能

（2）程序调试与监控

PLC 运行后，执行菜单栏"在线"→"监视"→"监视模式"命令，或者单击工具栏中的 ■，或者按快捷键 F3，进入监视模式。在监视模式下，接通的元件显示蓝色。可以通过操作按钮来改变 X0 的状态，也可以通过软件更改 X0 的状态来调试。右击 X0，选择"调试"下的"当前值更改"，如图 1－1－28 所示，即将 X0 从 0 变成了 1，则监控画面变为图 1－1－29 所示。也可通过单击 X0，按 Shift + Enter 组合键来改变当前值状态。图中实心部分表示接通，即 X0 接通时，Y0 接通。调试步骤完成后，再单击"调试"下的"当前值更改"，或按 Shift + Enter 组合键，又将 X0 从 1 变成了 0，Y0 断开。

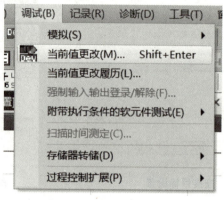

图 1－1－28　更改当前值

图 1－1－29　调试界面

（3）监看功能

在 GX Work3 软件中，有 4 个监看窗口。单击菜单栏"在线"→"监看"→"登录至监看窗口"→"监看窗口 1（1）"，或者在编程窗口任意空白处右击，选择"登录至监看窗口"→"监看窗口 1（1）"，弹出图 1－1－30 所示窗口。

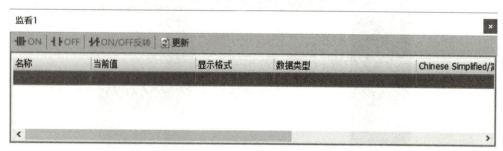

图 1－1－30　监看 1 窗口

在名称下的方格上双击，则可输入监看名称，即变量地址。以同样的方式再输入 Y0 地址，如图 1－1－31 所示。

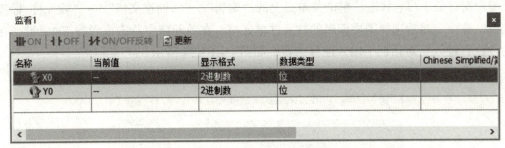

图 1 – 1 – 31　输入监看地址

在任意处右击，选择"监看开始"，则出现当前状态的信息。显示格式可以更改，比如将 X0 更改为"10 进制数"，则当前值显示的是具体数据。如图 1 – 1 – 32 所示。

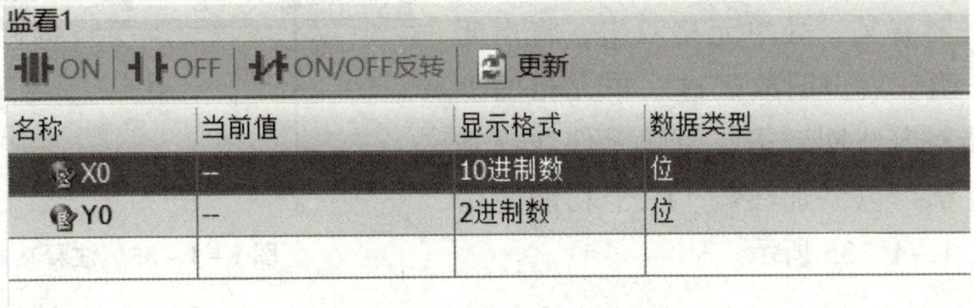

图 1 – 1 – 32　更改显示格式

6. 程序的模拟调试

在没有 PLC 实物的情况下，编写的程序想调试，可以启用程序的模拟调试功能。程序的模拟功能是使用计算机上的虚拟可编程控制器对程序进行调试的功能，即虚拟仿真功能。

GX Work3 编程软件自带一个仿真软件包——GX Simulator3，可进行仿真模拟调试，调试界面真实度非常高。

程序编辑完成转换后，单击菜单栏"调试"→"模拟"→"模拟开始"命令，或者单击工具栏中的"模拟开始"按钮，启动模拟调试。弹出对话框，自动模拟下载，图 1 – 1 – 33 所示为模拟仿真窗口，不能关闭，只能最小化，只有单击菜单栏"调试"→"模拟"→"模拟停止"命令，或者单击工具栏中的"模拟停止"按钮，窗口才会消失，表示停止模拟调试功能。

模拟调试状态下，同样可以进行程序监控和监看模式，具体操作过程和连接实物 PLC 过程一样。

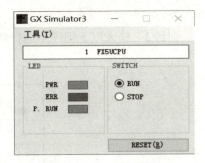

图 1 – 1 – 33　模拟调试

7. 梯形图注释功能

梯形图注释功能用于标注程序中梯形图块的功能、各软元件和标签、线圈和指令的意义。通过添加注释，更能便于程序的可阅读性。

GX Work3 编程软件中的注释分为软元件注释、声明和注解三种方式。注释用于程序中的软元件和标签的解释；声明用于梯形图块的解释；注解用于程序中线圈或指令的解释。

编程窗口处于写入状态，单击菜单栏上的"编辑"→"创建文档"→"软元件/标签注释编辑"命令，然后选择需要编辑的软元件单元格，在单元格中双击或者按 Enter 键，在弹出的"注释输入"对话框中输入注释内容，如图 1 – 1 – 34 所示。

图 1 – 1 – 34　注释输入

声明和注解的输入和编辑方法与注释类似，只要单击菜单栏"编辑"→"创建文档"命令下对应的内容即可。声明是放在行间的，选中命令后，对着某一处单元格双击，将声明的内容输入，确认后声明放于这一单元格的上方。注解只能对着线圈双击，而软元件注释是所有的软元件都可以添加注解。三个功能使用后的效果如图 1 – 1 – 35 所示。

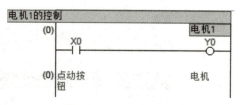

图 1 – 1 – 35　注释功能

拓展训练

训练1　输入以下程序并运行调试（图 1 – 1 – 36）

图 1 – 1 – 36　训练程序

训练2　输入以下程序并运行调试（图 1 – 1 – 37）

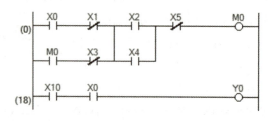

图 1 – 1 – 37　训练程序

拓展训练答案1解析

拓展训练答案2解析

小课堂

提高个人学习新知识的方法：一是持续保持自己对新知识的一个好奇心，做到提前预习了解这个知识点，让自己产生对这个新知识的求知欲；二是做好学习规划，并坚决执行，形成一个好的学习习惯，保证对新知识的不间断认知和深入研究；三是在汲取知识的同时，不断拓宽自己的视野，做到不局限于书本，多渠道了解与拓展。

任务二　三相异步电动机的正反转控制

相关知识

（一）PLC 的型号

PLC 的型号如图 1-2-1 所示。

1 表示 FX 模块名称，如 3U、3UC、5U、5UC 等。其中，U 代表标准型；C 是紧凑型，适用于空间比较狭小的地方。

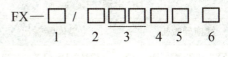

图 1-2-1　PLC 的型号

2 表示连接形式：无符号代表端子排连接，C 代表连接器。

3 表示输入输出的总点数。

4 单元类型：M 为 CPU 模块，E 为输入输出混合扩展单元与扩展模块，EX 为输入专用扩展模块，EY 为输出专用扩展模块。

5 输出形式：R 为继电器输出，T 为晶体管输出。

6 电源及输入输出形式。当模块为 CPU 单元时，其含义为：

R/ES：AC 电源、DC 24 V（漏型/源型）输入、继电器输出；

T/ES：AC 电源、DC 24 V（漏型/源型）输入、晶体管（漏型）输出；

T/ESS：AC 电源、DC 24 V（漏型/源型）输入、晶体管（源型）输出；

R/DS：DC 电源、DC 24 V（漏型/源型）输入、继电器输出；

T/DS：DC 电源、DC 24 V（漏型/源型）输入、晶体管（漏型）输出；

T/DSS：DC 电源、DC 24 V（漏型/源型）输入、晶体管（源型）输出。

即 ES 表示 AC 电源供电，DS 表示 DC 电源供电，后面再加 S 表示源型输出，不加表示漏型输出，只有晶体管型才分漏型和源型输出。

例如：FX₅ᵤ-64MR/ES 模块表示该 PLC 属于 FX₅ᵤ系列，具有 64 个 I/O 点的基本单元，使用 AC 100~240 V 电源、DC 24 V 输入、继电器输出；FX₅-8EX/ES 模块表示该模块是输入扩展模块，DC 24 V（漏型/源型）输入；型号为 FX₅-8EYT/ES 的模块表示该模块是输出扩展模块，晶体管（漏型）输出。

（二）硬件结构

三菱 FX₅ᵤ PLC 可以分为 CPU 模块、扩展模块、扩展板和相关辅助设备、终端模块。

1. CPU 模块

CPU 模块即主机或本机，包括电源、CPU、基本输入/输出点和存储器等，是 PLC 控制系统的基本组成部分。它实际上也是一个完整的控制系统，可以独立完成一定的控制任务。

FX$_{5U}$ CPU 模块有 3 个规格，见表 1 - 2 - 1，分别具有 32 个、64 个、80 个 I/O 点，输入、输出点数对等分配。

表 1 - 2 - 1 FX$_{5U}$ CPU 规格表

AC 电源、DC 输入			输入点数	输出点数	输入/输出总点数
继电器输出	晶体管输出				
FX$_{5U}$ - 32MR/ES	FX$_{5U}$ - 32MT/ES	FX$_{5U}$ - 32MT/ESS	16	16	32
FX$_{5U}$ - 64MR/ES	FX$_{5U}$ - 64MT/ES	FX$_{5U}$ - 64MT/ESS	32	32	64
FX$_{5U}$ - 80MR/ES	FX$_{5U}$ - 80MT/ES	FX$_{5U}$ - 80MT/ESS	40	40	80
DC 电源、DC 输入			输入点数	输出点数	输入输出总点数
继电器输出	晶体管输出				
FX$_{5U}$ - 32MR/DS	FX$_{5U}$ - 32MT/DS	FX$_{5U}$ - 32MT/DSS	16	16	32
FX$_{5U}$ - 64MR/DS	FX$_{5U}$ - 64MT/DS	FX$_{5U}$ - 64MT/DSS	32	32	64
FX$_{5U}$ - 80MR/DS	FX$_{5U}$ - 80MT/DS	FX$_{5U}$ - 80MT/DSS	40	40	80

2. 扩展模块

扩展模块是用于扩展输入/输出和功能的模块，分为 I/O 模块、智能功能模块、扩展电源模块、连接器转换模块和总线转换模块。按照连接方式，可分为扩展电缆型和扩展连接器型。如图 1 - 2 - 2 所示。

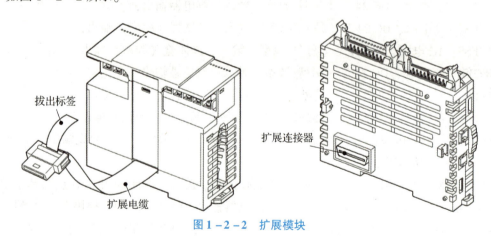

图 1 - 2 - 2 扩展模块

（1）I/O 模块

I/O 模块由电源、内部输入/输出电路组成，需要和基本单元一起使用。如果基本单元的 I/O 点数不够，就可以扩展 I/O 模块来增加 I/O 点数。I/O 模块分为输入模块、输出模块和输入/输出模块。

①输入模块 FX$_5$ - 16EX/ES：16 个输入点，输入回路电源为 DC 24 V（源型/漏型），端

子排连接。

②输出模块 FX$_5$ - C16EYT/D：16 个输出点，输出形式为晶体管（漏型），连接器连接。

③输入/输出模块 FX$_5$ - C32ET/D：16 个输入点、16 个输出点，输入形式为 DC 24 V（漏型），连接器连接。

④高速脉冲输入/输出模块 FX$_5$ - 16ET/ESS - H：8 个输入点、8 个输出点，输入形式为 DC 24 V（漏型/源型），输出形式为晶体管（源型），端子排连接。

（2）智能功能模块

智能功能模块是拥有简单运动等输入/输出功能以外的模块，包括定位模块、网络模块、模拟量模块、高速计数模块等功能模块。

①定位模块 FX$_5$ - 40SSC - S：支持四轴控制，占用输入/输出 8 个点数。

②网络模块 FX$_5$ - CCLIEF：支持 CC - LinK IE 现场网络用智能设备站，占用输入/输出 8 个点数。

（3）扩展电源模块

扩展电源模块是当 CPU 模块内置电源不够时用于扩展电源。例如 FX$_5$ - 1PSU - 5V 模块，当输出为 DC 5 V 电源时，电流可达 1 200 mA；当输出为 DC 24 V 电源时，电流可达 300 mA。

（4）连接器转换模块

连接器转换模块是用于在 FX$_{5U}$ 的系统中连接扩展模块（扩展连接器型）的模块。例如 FX$_5$ - CNV - IF 模块，用于对 CPU 模块、扩展模块（扩展电缆型）或 FX$_5$ 智能模块进行连接器转换。

（5）总线转换模块

总线转换模块是用于在 FX$_{5U}$ 的系统中连接 FX$_3$ 扩展模块的模块，占用输入/输出 8 个点数。例如 FX$_5$ - CNV - BUS 模块，用于对 CPU 模块、扩展模块（扩展电缆型）或 FX$_5$ 智能模块进行总线转换；FX$_5$ - CNV - BUSC 模块，用于对扩展模块（扩展连接器型）进行总线转换。

3. 扩展板、扩展适配器、扩展延长电缆及连接器转换适配器

（1）扩展板

扩展板可连接在 CPU 模块正面，用于扩展系统功能。例如可作 RS - 232C 通信用的 FX$_5$ - 232 - BD 模块，可作 RS - 485 通信用的 FX$_5$ - 485 - BD 模块，可作 RS - 422 通信用（GOT 连接用）的 FX$_5$ - 422 - BD - GOT 模块。

（2）扩展适配器

扩展适配器连接在 CPU 模块左侧，用于扩展系统功能。型号有：

①FX$_5$ - 4AD - ADP：4 通道电压输入/电流输入；

②FX$_5$ - 4DA - ADP：4 通道电压输出/电流输出；

③FX$_5$ - 4AD - PT - ADP：4 通道测温电阻输入；

④FX$_5$ - 4AD - TC - ADP：4 通道热电偶电阻输入；

⑤FX$_5$ - 232ADP：RS - 232C 通信用；

⑥FX$_5$ – 485ADP：RS – 485 通信用。

（3）扩展延长电缆和连接器转换适配器

扩展延长电缆用于连接除扩展电源模块 FX$_5$ – 1PSU – 5V 和内置电源输入/输出模块外的其他安装较远的 FX$_5$ 扩展模块（扩展电缆型）。包括：

①FX$_5$ – 30EC：模块间可延长 0.3 m；

②FX$_5$ – 65EC：模块间可延长 0.65 m。

连接器转换适配器用于连接扩展延长电缆与扩展电缆型扩展模块 FX$_5$ – 1PSU – 5V 和内置电源输入/输出模块，连接器转换适配器型号为 FX$_5$ – CNV – BC。

4. 终端模块

终端模块是用于将连接器形式的输入/输出端子转换成端子排的模块。如果使用输入专用或输出专用终端模块（内置元器件），还可以进行 AC 输入信号的获取及继电器/晶体管/晶闸管输出形式的转换。型号如下：

①FX – 16E – TB/FX – 32E – TB：与 PLC 的输入/输出连接器直连连接；

②FX – 16EX – A1 – TB：AC 100 V 输入型；

③FX – 16EYR – TB：继电器输出型；

④FX – 16EYT – TB：晶体管输出型（漏型）；

⑤FX – 16EYS – TB：晶闸管输出型；

⑥FX – 16E – TB/UL /FX – 32E – TB/UL：与 PLC 的输入/输出连接器直连连接；

⑦FX – 16EYR – ES – TB/UL：继电器输出型；

⑧FX – 16EYT – ES – TB/UL：晶体管输出型（漏型）；

⑨FX – 16EYT – ESS – TB/UL：晶体管输出型（源型）；

⑩FX – 16EYS – ES – TB/UL：晶闸管输出型。

（三）连接扩展模块要求

以 FX$_{5U}$ CPU 模块为基本单元，配合扩展模块、扩展板、转换模块等扩展设备，组成 FX$_{5U}$ 系列 PLC 控制系统时，有以下要求：

①FX$_{5U}$ CPU 模块在每个系统中可连接的扩展设备台数最多可达 16 台，其中扩展电源模块、转换模块不包含在连接台数中。

②可扩展设备点数最大为 256 点，远程 I/O 点数最大为 384 点，两者之和最大 512 点。

③扩展模块和特殊模块无自带电源，需要通过基本单元或扩展单元供电，耗电量需要在 CPU 模块或扩展电源模块的电源供电能力之内。

④使用连接器型模块时，需要 FX$_5$ – CNV – IF 转换模块。

⑤系统使用高速脉冲输入/输出模块时，最多可连接 4 台。

⑥系统中使用 FX$_3$ 扩展模块时，需要总线转换模块，并且 FX$_3$ 扩展模块只能连接在总线转换模块的右侧，FX$_3$ 扩展模块不能使用扩展延长电缆。

⑦系统中连接智能功能模块时，对于 FX$_5$ – CCLIEF、FX$_{3U}$ – 16CCL – M、FX$_{3U}$ – 64CCL、FX$_{3U}$ – 126ASL – M 的模块，系统只可连接 1 台；对于 FX$_{3U}$ – 2HC 模块，系统可连接 2 台。

（四）FX₅ᵤ系列 CPU 模块硬件结构

以 FX₅ᵤ –32MR/ES 为例，其 CPU 模块硬件结构如图 1 – 2 – 3 所示。

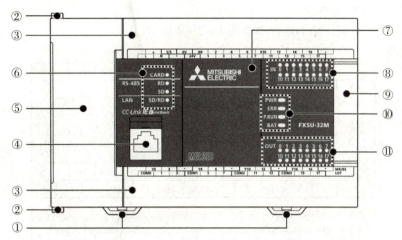

图 1 – 2 – 3　FX₅ᵤ系列 CPU 硬件接线图

①导轨安装用卡扣：用于将 CPU 模块安装在 DIN 导轨上。

②扩展适配器连接用卡扣：用于固定扩展适配器。

③端子排盖板：用于保护端子排，接线时可打开此盖板作业，运行时须关上此盖板。

④内置以太网通信口：用于以太网通信连接。

⑤左上盖板：用于保护盖板下的 SD 存储卡槽、RUN/STOP/RESET 开关、RS – 485 通信用端子排、模拟量输入/输出端子排等部件。

⑥状态指示灯：

CARD：用于显示 SD 存储卡状态，灯亮表示可以正常使用；闪烁表示准备中；灯灭表示为插卡或可取卡。

RD：用于显示内置 RS – 485 通信接收数据时的状态。

SD：用于显示内置 RS – 485 通信发送数据时的状态。

SD/RD：用于显示内置以太网收/发数据状态。

⑦连接器盖板：用于保护连接扩展板用的连接器、电池等。

⑧输入显示 LED：用于显示输入通道接通时的状态。

⑨次段扩展连接器盖板：用于保护次段扩展连接器的盖板，将扩展模块的扩展电缆连接到位于盖板下的次段扩展连接器上。

⑩CPU 状态指示灯：

PWR：电源指示灯，显示 CPU 模块的通电状态。灯亮表示通电。

ERR：报错指示灯，显示 CPU 模块的错误状态。灯亮表示错误或硬件异常，闪烁表示出厂错误/发送错误中/硬件异常/复位中；灯灭表示正常。

P. RUN：运行指示灯，显示程序的动作状态。灯亮表示正常，闪烁表示 PAUSE 暂停状态，灯灭表示停止中或发生错误停止中。

BAT：电池指示灯，显示电池的状态。闪烁表示电池错误中，灯灭表示正常。

⑪输出显示 LED：用于显示输出通道接通时的状态。

（五）FX$_{5U}$ 系列 CPU 模块端子排分布

1. AC 电源、DC 输入型

以 FX$_{5U}$ –32M 为例，端子排分布如图 1 – 2 – 4 所示。

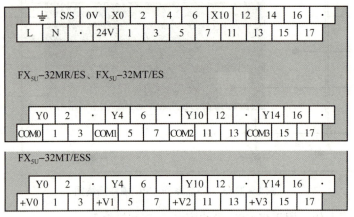

图 1 – 2 – 4　FX$_{5U}$ –32M 的端子排分布 1

三菱系列输入或输出端子都分布两排，采用错开的结构，每个端口的螺丝相对比较大，而西门子系列则是分布一排，端口比较小。端子排都是可拆除结构，如果损坏，可以单独更换。

L、N、⏚：给 CPU 模块供电电源端口，为 AC 100 ~ 240 V。

24 V、0 V：PLC 自带的 DC 24 V 电源。

S/S：输入端子的公共端。

X0 ~ X17：输入端子。

COM/ + V：输出端子公共端。

Y0 ~ Y17：输出端子。

2. DC 电源、DC 输入型

以 FX$_{5U}$ –32M 为例，端子排分布如图 1 – 2 – 5 所示。

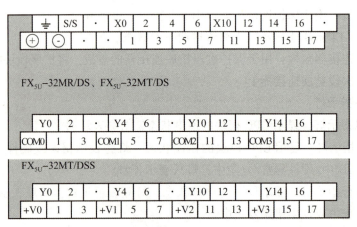

图 1 – 2 – 5　FX$_{5U}$ –32M 的端子排分布 2

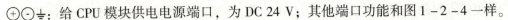

⊕⊝⏚：给 CPU 模块供电电源端口，为 DC 24 V；其他端口功能和图 1-2-4 一样。

（六）FX$_{5U}$ PLC 输入回路接线

按照输入回路电流的方向，可分为漏型输入接线和源型输入接线。当输入回路电流从 PLC 公共端流进、从输入端流出时，称为漏型输入，导通时 X 端为低电平，即低电平有效；当输入回路电流从 PLC 的输入端流进、从公共端流出时，称为源型输入，导通时 X 端为高电平，即高电平有效。如图 1-2-6 所示。

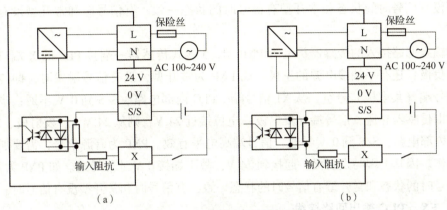

图 1-2-6 输入回路接线图

（a）漏型输入接线（AC 电源）；（b）源型输入接线（AC 电源）

图 1-2-6（a）中，电流正极出来流进公共端 S/S，再经内部电路、X 端子和外部触点流回负极。

图 1-2-6（b）中，电流正极出来流向外部触点，再经 X 端子、内部电路和公共端 S/S 流回负极。

输入电源为 DC 24 V，可以用外部电源，也可以用 PLC 自带的内部电源。当输入回路电流都很小时，可以采用内部电源供电，工程上尽量使用外部电源。

接入一个普通开关和一个 3 线式接近传感器，漏型和源型的输入回路如图 1-2-7 所示。

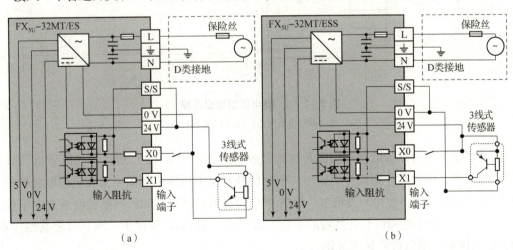

图 1-2-7 输入回路接线实例

（a）漏型输入实例接线图；（b）源型输入实例接线图

漏型输入回路接入的传感器类型为 NPN 型，3 线式传感器一端接 PLC 的 X 端口，一端接电源的负极，还有一端接电源的正极。如 NPN 为常开型，没有信号触发时，即传感器不导通，信号端（集电极）悬空，从 24 V +、S/S、PLC 内部电路到 X1 信号端不通；当有信号触发时，即传感器导通，信号端（集电极）电位接近 0 V，则从 24 V +、S/S、PLC 内部电路到 X1 信号端、发射极再到 0 V 导通，信号端低电平有效。NPN 为有源信号，需要加一对电源才能工作。因其下端和发射极一起接到 0 V，故上端接 24 V 才能导通。如 NPN 为常闭型，则没有信号时的状态和常开型有信号时的状态一致，有信号时和常开型没有信号时一致。

源型输入回路接入的传感器类型为 PNP 型，3 线式传感器一端接 PLC 的 X 端口，一端接电源的负极，还有一端接电源的正极。如 PNP 为常开型，没有信号触发时，即传感器不导通，信号端（集电极）悬空，从 X1 信号端、PLC 内部电路、S/S 到 0 V 不通；当有信号触发时，即传感器导通，信号端（集电极）电位接近 24 V，则从 24 V +、发射极、X1 信号端、PLC 内部电路、S/S 到 0 V 导通，信号端高电平有效。PNP 为有源信号，需要加一对电源才能工作。因其上端与发射极一起接到 24 V，故下端接 0 V 才能导通。如 PNP 为常闭型，则没有信号时的状态和常开型有信号时的状态一致，有信号时和常开型没有信号时一致。

（七）FX₅ᵤ PLC 输出回路接线

输出回路分为继电器型（R/ES）、晶体管漏型（T/ES）和晶体管源型（T/ESS）。继电器型输出回路如图 1 - 2 - 8 所示。

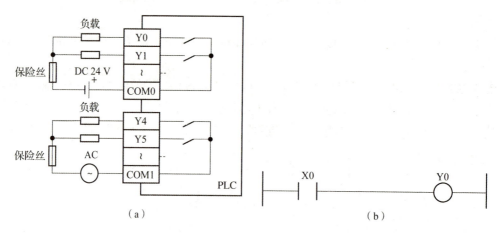

图 1 - 2 - 8 继电器型输出回路

(a) 继电器型输出回路；(b) 内部 PLC 程序

继电器输出型可以带低频的交流和直流负载。图 1 - 2 - 8（a）所示，如既带直流负载又带交流负载，则将其分别接一组输出，根据负载额定电压供电。图中交流负载电源根据负载额定电压确定，为 AC 100 ~ 240 V。根据 PLC 内部电路可以得知，回路的电流方向不作要求，即 PLC 的 COM 端和负载公共端的正负不作要求，如 COM 端接正，则负载公共端接负，如 COM 端接负，则负载公共端接正。

结合图 1 - 2 - 8（b）PLC 内部的程序分析输出的工作原理：根据程序，当 X0 得电时，

Y0 线圈接通，则 PLC 内部接 Y0 端口的开关闭合，输出回路导通，负载工作。

晶体管输出型可驱动直流高频负载。晶体管漏型输出和晶体管源型输出接线图如图 1 - 2 - 9 所示。

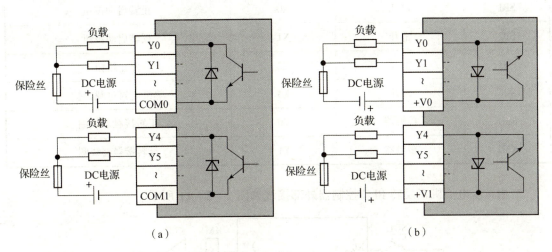

图 1 - 2 - 9   晶体管输出回路

（a）晶体管漏型输出；（b）晶体管源型输出

应用实施

（一）三相异步电动机的正反转控制

1. 控制要求

正转启动：按下 SB2 按钮，接触器 KM1 得电，电动机正转；

反转启动：按下 SB3 按钮，接触器 KM2 得电，电动机反转；

停止过程：按下 SB1 按钮，接触器 KM1 和 KM2 失电，电动机停止。

KM1 和 KM2 不能同时接通。

2. 画出电动机正反转控制的主电路

将三相电源进线 L1、L2、L3 对应接到电动机的三相绕组首端 U、V、W，当通电时电动机正转，如果将其任意两相对调，会产生反向旋转磁场，电动机反转。同样，当电动机反转时，任意在其基础上对调两相，电动机正转。

画出三相异步电动机正反转控制的主电路，如图 1 - 2 - 10 所示。

3. I/O 分配表与接线图

I/O 分配表见表 1 - 2 - 2。

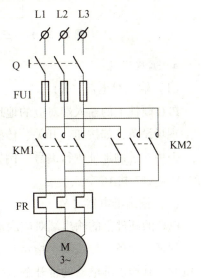

图 1 - 2 - 10   三相异步电动机
正反转主电路

表 1 – 2 – 2   I/O 分配表

符号名称	触点、线圈形式	I/O 点地址	说明
SB1	常开	X0	正转启动按钮
SB2	常开	X1	反转启动按钮
SB3	常开	X2	停止按钮
FR	常开	X3	热继电器过载保护
KM1	接触器	Y0	正转接触器线圈
KM2	接触器	Y1	反转接触器线圈

三相异步电动机正反转 PLC 控制器外部接线如图 1 – 2 – 11 所示。

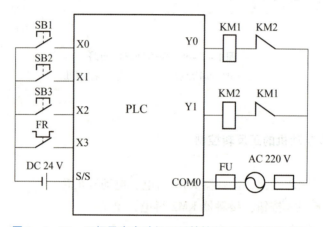

图 1 – 2 – 11   三相异步电动机正反转控制 PLC 外部接线图

4. 编程资源

（1）输入继电器（X）

PLC 硬件上的输入端对应的地址存储在 X 寄存器中，故 X 为输入继电器，用来连接实际的现场设备，如按钮、开关、传感器等。其状态取决于外部设备的状态。

采用八进制地址进行编号。例如，FX$_{5U}$ – 32M 这个基本单元，X0 ~ X17 表示从 X0 ~ X7 和 X10 ~ X17 共 16 个点。

（2）输出继电器（Y）

PLC 的硬件上的输出端对应的地址存储在 Y 寄存器中，故 Y 为输出继电器，用来连接实际的现场设备，如线圈、指示灯、电磁阀、电动机等负载。当 PLC 内部输出继电器线圈得电时，其输出继电器的常开触点接通，对应的输出端子回路接通，负载电路开始工作。程序里的每一个输出继电器线圈都对应有无数个常开和常闭触点供用户使用。

采用八进制地址进行编号。例如，FX$_{5U}$ – 32M 这个基本单元，Y0 ~ Y17 表示从 Y0 ~ Y7 和 Y10 ~ Y17 共 16 个点。

对于 FX₅ᵤ系列 PLC 来说，除了输入、输出继电器是以八进制表示的以外，其他继电器均为十进制表示。

（3）编程语言

根据国际电工委员会制定的工业控制编程语言标准（IEC1131-3），PLC 的编程语言有以下五种，分别为梯形图（Ladder Diagram，LD）、语句表（Instruction List，IL）、功能块图（Function Block Diagram，FBD）、结构化文本（Structured Text，ST）及顺序功能图（Sequential Function Chart，SFC）。FX₅ᵤ系列 PLC 支持梯形图、功能块图、结构化文本和顺序功能图如图 1-2-12 ~ 图 1-2-15 所示。

①梯形图（LD），如图 1-2-12 所示。

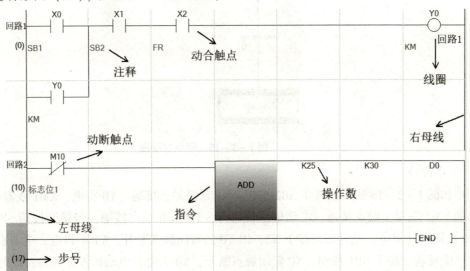

图 1-2-12　梯形图

②功能块图（FBD），如图 1-2-13 所示。

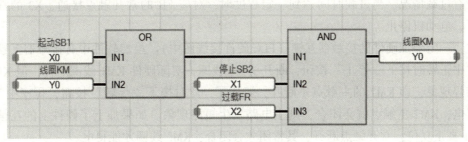

图 1-2-13　功能块图

FBD 也是一种图形化编程语言，是与数字逻辑电路类似的一种 PLC 编程语言。

③结构化文本（ST），如图 1-2-14 所示。

ST 是一种具有与 C 语言等高级语言相似的语法结构的文本形式的编程语言。

④顺序功能图（SFC），如图 1-2-15 所示，顺序功能图编程类似于一个流程图的形式。

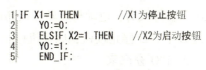

图 1-2-14　结构化文本图

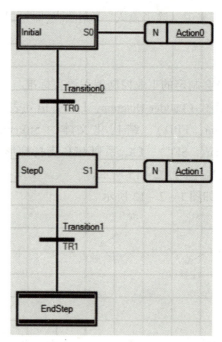

图 1 - 2 - 15　顺序功能图

5. 程序设计

程序如图 1 - 2 - 16 所示，按下 SB2 按钮，X1 常开触点接通，Y0 得电，KM1 线圈得电，主电路的 KM1 三对主触点接通，电动机正转运行，Y0 常开触点接通，当松开按钮 SB2 时，同时 Y0 线圈保持得电；此时如果按下 X2，因 Y0 的常闭触点断开，Y1 不得电，电动机正转的同时不能反转。按下 SB1 按钮，X0 常闭触点断开，Y0 失电，电动机停止正转；此时再按下 SB3，X2 常开触点接通，Y1 得电，KM2 线圈得电，主电路的 KM2 三对主触点接通，电动机反转运行，同时 Y1 常开触点接通，当松开按钮 SB3 时，Y1 线圈保持得电。如果工作过程中有过载情况，当过载时间达到一定程度时，对应 FR 的常开触点接通，X3 的常闭触点断开，电动机停止。

注：一定要加硬件的接触器互锁（PLC 硬件接线图中）。虽然软件中有接触器互锁，如果软件中正转时按下"停止"按钮，断开了 Y0 线圈，实际硬件 KM1 线圈断开，但 KM1 发生了熔焊现象，即 KM1 的主触点不断开，熔住了，此时按下"反转"按钮，程序中 Y1 线圈能得电，KM2 主触点就会闭合，则主电路发生短路现象。如果加上了硬件上的互锁，只有 KM1 真正复位，常开触点断开，其常闭才会闭合，KM2 线圈才能得电。

（二）三相异步电动机的自动往返运动控制

1. 控制要求

按下 SB1 正转按钮，电动机正转，或者按下 SB2 反转按钮，电动机反转。正转时碰到 SQ1 限位开关后，电动机反转，反转时碰到 SQ2 限位开关后，电动机正转，如此往复运动。中途按下 SB3 停止按钮，电动机停止。

2. I/O 分配表

I/O 分配表见表 1 - 2 - 3。

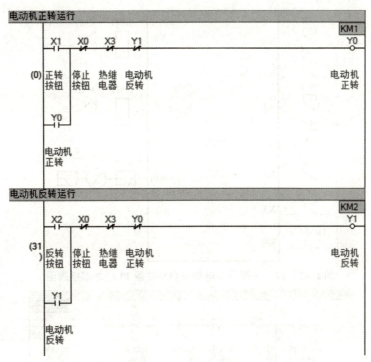

图 1 – 2 – 16 三相异步电动机正反转控制程序

表 1 – 2 – 3 I/O 分配表

符号名称	触点、线圈形式	I/O 点地址	说明
SB1	常开	X0	正转启动按钮
SB2	常开	X1	反转启动按钮
SB3	常开	X2	停止按钮
SQ1	常开	X3	正转限位开关
SQ2	常开	X4	反转限位开关
FR	常开	X5	热继电器过载保护
KM1	接触器	Y0	正转接触器线圈
KM2	接触器	Y1	反转接触器线圈

3. PLC 硬件接线图

三相异步电动机自动往返运动 PLC 控制器外部接线如图 1 – 2 – 17 所示。

4. 程序设计

程序如图 1 – 2 – 18 所示，按下 SB2 按钮，X1 常开触点接通，Y0 得电，KM1 线圈得电，主电路的 KM1 三对主触点接通，电动机正转运行，同时，Y0 常开触点接通，当松开 SB2 按钮时，Y0 线圈保持得电；当运行到 SQ1 位置时，X3 的常闭触点断开，常开触点接通，即断

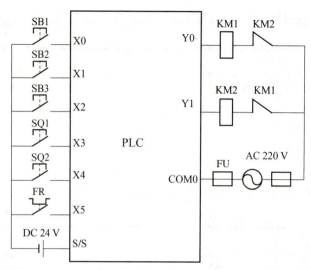

图 1-2-17 三相异步电动机自动往返 PLC 外部接线图

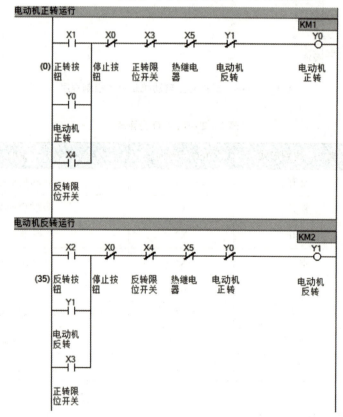

图 1-2-18 三相异步电动机自动往返运行控制程序

开 Y0，接通 Y1，KM2 线圈得电，主电路的 KM2 三对主触点接通，电动机反转运行；反转运行到 SQ2 位置时，X4 的常闭触点断开，常开触点接通，即断开 Y1，接通 Y0，KM1 线圈得电，电动机正转，如此往复运动。中途如果按下 SB1 按钮，电动机停止；按下 SB3 按钮，X2 接通，Y1 得电，电动机反转。如果工作过程中有过载情况，当过载时间达到一定程度时，对应 FR 的常开触点通，X3 的常闭触点断开，电动机停止。

注：一定要加硬件的接触器互锁（PLC 硬件接线图中）。除了防止上面讲述的熔焊现象，这种直接正转和反转互相切换的控制，软件互锁没有用，断开一个线圈去接通另一个线圈的时间太短，程序执行速度很快，硬件动作有一定的延时，会有瞬间 KM1 和 KM2 触点同时接通，导致主电路短路。

对于所有需要互锁的电路，不仅要软件互锁，硬件上也要接触器互锁。

拓展训练

训练 1 四路抢答器的控制

要求：四位选手前面分别有一个抢答按钮和一个指示灯，主持人前面有一个开始抢答按钮和复位按钮。当主持人按下开始抢答按钮时，四位选手开始抢答，第一个按下抢答按钮的选手前的指示灯亮。主持人按下复位按钮，任何一位选手的指示灯都会灭。

三相异步电动机
自动往返运动
调试结果

训练 2 机床工作台自动往返运动控制

要求：机床工作台在一定距离内做往返运动，如图 1 - 2 - 19 所示，前进为正转运行，后退为反转运行。按下 SB2 正转按钮，工作台前进，碰到 SQ1 限位开关后工作台后退，后退碰到 SQ2 限位开关后工作台又前进，如此往返运动，直到按下 SB1 时，电动机停止。工作台前进的途中如果按下反转启动按钮 SB3，工作台直接切换到后退运行，同时，后退的途中如果按下 SB2 按钮，工作台直接切换到前进运行。当前进或后退时，碰到极限位开关 SQ3 和 SQ4 时，工作台停止。

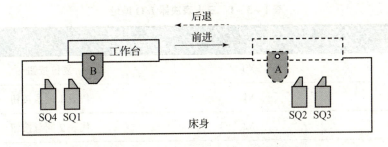

图 1 - 2 - 19　工作台自动往返示意图

拓展训练 1 调试结果

拓展训练 2 调试结果

小课堂

失败乃成功之母，不必在乎成功之前失败过多少次，那都是对未来的彩排。

任务三　三相异步电动机的点动与连续控制

相关知识

（一）内部标志位存储器（中间继电器）M

内部标志位存储器，用来保存控制继电器的中间操作状态，其作用相当于继电器控制中的中间继电器，内部标志位存储器在 PLC 中没有输入/输出端与之对应，其线圈的通断状态只能在程序内部用指令驱动，有无数个常开常闭触点供用户使用。

内部标志位存储器采用位来存取，十进制方式。即地址编号范围为 M0 ~ M9、M10 ~ M19 等。

（二）M 的用法举例

三人表决器

1. 控制要求

主持人前有一个复位按钮 SB1 和一个指示灯 HL，有三个代表，每人前面有一个按钮，分别为 SB2、SB3、SB4。当主持人提出的提案，代表同意时就按一下按钮即可，多数人同意则指示灯 HL 亮，表决时间到后看指示灯状态，亮则表示提案通过。主持人按下复位按钮后，HL 灭。

2. I/O 地址分配表

I/O 分配表见表 1 – 3 – 1。

表 1 – 3 – 1　三人表决器 I/O 地址

符号名称	I/O 点地址	说明
SB1	X0	复位按钮
SB2	X1	代表 1 同意按钮
SB3	X2	代表 2 同意按钮
SB4	X3	代表 3 同意按钮
HL	Y0	指示灯

3. 程序设计

程序如图 1 – 3 – 1 所示，当主持人宣布可以表决时，任意代表按下按钮后，其对应的 M 线圈接通，其常开触点闭合，此时松开按钮，M 保持接通。当有两个代表按下按钮后，M0 ~ M2 有两个触点导通，则 HL 亮。

在表决期间，代表不会一直按着按钮，此时加入一个内部标志存储器，可以保持接通状态，记住代表是否按过同意键。

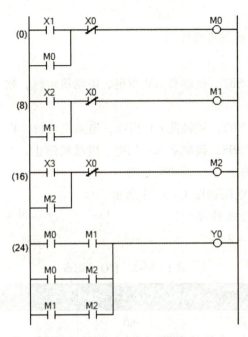

图 1 - 3 - 1　三人表决器程序

　　M 变量用得最多的功能就是做保持功能，虽然用 Y 也可以起到保持功能，只要 PLC 对应的做中间量的 Y 点不接线即可，但会浪费 PLC 的输出点。后面学到的定时器，其延时期间对应线圈要保持得电状态，常用 M 变量去做保持。

（三）置位与复位指令的用法举例

　　图 1 - 3 - 2（b）的程序是用置位指令 SET 和复位指令 RST 表示的长动控制，效果等效于 1 - 3 - 2（a）程序。SET 和 RST 带有保持功能，当条件接通时，置位或者复位 Y0，并保持 1 或者 0 的状态，断开条件时，仍然保持当前状态。SET 和 RST 只置位或复位当前位软元件。

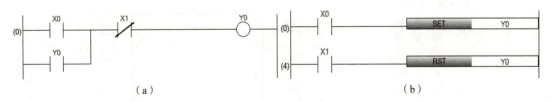

（a）　　　　　　　　　　　　　　　　　　（b）

图 1 - 3 - 2　长动控制程序和置复位指令长动控制程序

（a）长动控制程序；（b）置复位指令长动

ZRST(P) 和 BKRST(P) 都是批量复位功能。

| BKRS | Y0 | K3 | 表示从 Y0 开始，对连续 3 点的位软元件进行复位。

| ZRST | Y0 | Y3 | 表示复位 Y0 ~ Y3 的位软元件。

| ZRST | D0 | D3 | 表示复位 D0 ~ D3 的字软元件，即一共复位了 4 个字共 64 位软元件。

应用实施

三相异步电动机的点动与连续控制

1. 控制要求

点动：按下点动按钮 SB1，接触器 KM 得电，电动机运行，松开 SB1，接触器 KM 断电，电动机停止运行。

长动：按下长动按钮 SB2，接触器 KM 得电，电动机运行，松开 SB2，电动机继续运行。

停止：按下停止按钮 SB3，接触器 KM 失电，电动机停止。

2. 画出电动机点动与连续控制的主电路

点动与连续控制的主电路如图 1 - 3 - 3 所示。

3. I/O 分配表与 PLC 硬件接线图

I/O 分配表见表 1 - 3 - 2。

表 1 - 3 - 2 I/O 分配表

符号名称	触点、线圈形式	I/O 点地址	说明
SB1	常开	X0	点动按钮
SB2	常开	X1	长动启动按钮
SB3	常开	X2	停止按钮
FR	常开	X3	热继电器过载保护
KM	接触器	Y0	接触器线圈

三相异步电动机点动与连续 PLC 控制外部接线如图 1 - 3 - 4 所示。

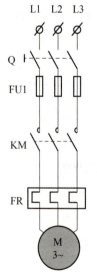

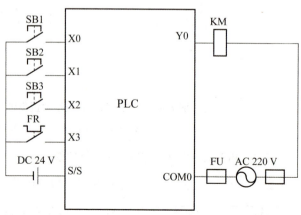

图 1 - 3 - 3 三相异步电动机点动与　　　　图 1 - 3 - 4 三相异步电动机点动与连续
　　　连续控制主电路　　　　　　　　　　　　控制 PLC 外部接线图

4. 梯形图

综合以前所学，很多同学设计的程序如图 1 - 3 - 5 所示。

图 1 - 3 - 5 的错误之处在于 Y0 出现了"双线圈输出"的问题。一个项目中有两个同一地址的输出信号 Y0，则 Y0 的条件到底是第一条程序还是第二条程序？PLC 的扫描规律是顺序循环扫描。后面的状态会覆盖前面的状态。两个 Y0 输出，以后面一条输出为准。当 X1 接通时，Y0 接通，但程序执行到下一条，因为 X0 断开，故 Y0 断开，调试结果如图 1 - 3 - 6 所示。

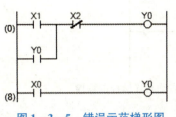

图 1 - 3 - 5　错误示范梯形图　　　　　图 1 - 3 - 6　调试界面

在编程时，应避免出现"双线圈输出"的问题，否则会导致执行的结果不符合预期效果。正确的程序如图 1 - 3 - 7 所示。

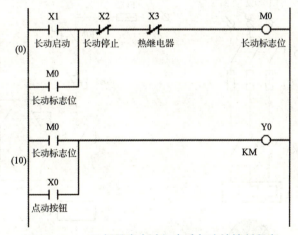

图 1 - 3 - 7　三相异步电动机点动与连续控制程序

按下 SB2 按钮，X1 常开触点接通，M0 线圈得电，M0 常开触点接通，Y0 得电，KM 接触器得电，电动机运行。按下 SB3，X2 常闭触点断开，M0 线圈失电，M0 常开触点断开，Y0 失电，KM 接触器断电，电动机停止。

按下 SB1 按钮，Y0 得电，KM 接触器接通，电动机运行，松开 SB1，Y0 失电，KM 接触器断开，电动机停止。

如果工作过程中有过载情况，当过载时间达到一定程度时，对应 FR 的常开触点接通，X3 的常闭触点断开，电动机停止。

注：程序左侧的数字，表示一条程序起始的步数，从第 0 步开始，例如图 1 - 3 - 5 中第二条程序起始步为第 8 步，说明前面的一条程序占用了 7 步。每一个指令的步数不一定是相同的，而什么指令占多少步是由 PLC 系统决定的，不可更改。步数多少表示程序占用的扫

描时间的多少，不过对于编程员来说，不需要对这一点考虑太多。

5. 用置复位指令编写程序

将图 1 - 3 - 7 的梯形图用置复位指令表示，如图 1 - 3 - 8 所示。

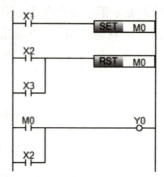

图 1 - 3 - 8　置复位指令用于点动与连续控制程序

6. 与继电器 - 接触器控制的区别

对于继电器 - 接触器控制的点动与连续控制，可采用与 PLC 控制类似的中间继电器控制，也可以采用如图 1 - 3 - 9 所示的复合按钮控制。

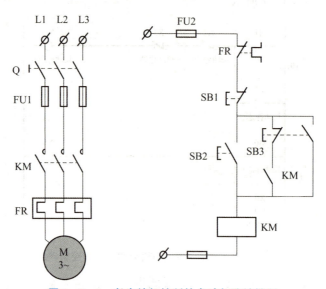

图 1 - 3 - 9　复合按钮控制的点动与连续控制

当按下 SB2 时，电动机运行，松开 SB2，电动机仍处于运行状态。按下 SB1，电动机停止。按下 SB3，常闭先断开，常开后闭合，KM 再接通，对应自锁电路处于断开状态。当松开 SB3 时，常开先断开，常闭后闭合，在 SB3 常闭闭合前，KM 线圈断电，KM 常开触点断开，则自锁仍未接入电路，SB3 实现点动控制。

复合按钮实现的继电器 - 接触器点动与连续控制能够成功的原因在于 SB3 常开常闭触点动作有时间差，这个时间差刚好让自锁那条线路在点动控制时没有接通。

对于 PLC 控制，只采用了中间继电器的控制方式，如果采用复合按钮的工作方式，梯形图如图 1 - 3 - 10 所示。

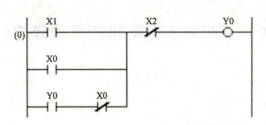

图 1 - 3 - 10　复合按钮的点动与连续控制程序

按下 SB2 时，X1 常开触点闭合，Y0 得电，KM 接触器得电，电动机运行，Y0 常开触点闭合，松开 SB2，X1 常开触点断开，电动机继续运行；按下 SB1，X0 常开触点闭合，Y0 接通，电动机运行，Y0 常开触点闭合，当松开 SB1 时，X0 的常开断开，常闭闭合，当前周期的 Y0 常开触点还处于闭合状态，则自锁这一条线路在当前周期接通，Y0 继续得电，电动机继续运行，自锁生效，故无法实现点动效果。

对于软元件 X0 来讲，它的常开常闭触点没有先后的时间差，是同时采样进来的信号，当前周期常开常闭就是反状态，没有让 Y0 先断开，导致当前周期的 Y0 常开触点和 X0 常闭触点的串联电路接通，没有达到点动的效果。

拓展训练

训练1　三相异步电动机的顺序控制

要求：锅炉房中的锅炉和石油化工厂的加热炉，起炉时或锅炉运行中，为防止炉内正压向炉外喷火，操作规程中对鼓风机的启动有着特殊的规定，即先启动引风机，后启动鼓风机，在锅炉运行中一旦引风机故障，鼓风机应随之自动停机。

三相异步电动机
点动与连续控制
调试结果

训练2　三相异步电动机的顺序启动逆序停止

要求：两台电动机 M1 和 M2，要求第一台电动机启动后第二台电动机才能启动，第二台电动机停止后第一台电动机才能停止。

训练3　用置复位指令去做训练1和训练2的设计。

拓展训练1调试结果

拓展训练2调试结果

小课堂

理论与实践永远是相辅相成的，理论支持着实践，实践检验着理论，正确处理好两者的关系，学习一定会收获颇多。

任务四　三相异步电动机的单按钮启停控制

相关知识

（一）边沿脉冲指令

1. 单个软元件的边沿脉冲指令

（1）┤↑├

单个位软元件的上升沿，即从 OFF 到 ON 的瞬间，这个结果接通，只接通 1 个扫描周期的时间，如图 1 - 4 - 1 所示。X0 的上升沿到来时 M0 接通，只接通 1 个扫描周期。

图 1 - 4 - 1　单个位软元件的上升沿脉冲

（2）┤↓├

单个位软元件的下降沿，即从 ON 到 OFF 的瞬间，这个结果接通，只接通 1 个扫描周期的时间，如图 1 - 4 - 2 所示。X0 的下降沿到来时 M0 接通，只接通 1 个扫描周期。

图 1 - 4 - 2　单个位软元件的下降沿脉冲

2. 运输结果脉冲化指令

（1）↑ MEP 指令

串在前面的条件后，表示前面条件运算结果从 OFF 到 ON 时，接通 1 个扫描周期，如图 1 - 4 - 3 所示。当 X0 和 X1 串联的结果从 OFF 变成 ON 时，M0 导通 1 个扫描周期。

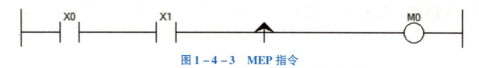

图 1 - 4 - 3　MEP 指令

（2）↓ MEF 指令

串在前面的条件后，表示前面条件运算结果从 ON 到 OFF 时，接通 1 个扫描周期，如图 1 - 4 - 4 所示。当 X0 和 X1 串联的结果从 ON 变成 OFF 时，M0 导通 1 个扫描周期。

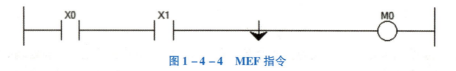

图 1 - 4 - 4　MEF 指令

3. 脉冲输出指令

（1）上升沿输出 PLS 指令

图 1 - 4 - 5（a）表示 X0 的上升沿信号到来，即从 OFF 到 ON 的瞬间，M0 接通 1 个扫

描周期；图1-4-5（b）表示 X0 和 X1 串联结果的上升沿信号到来，即从 OFF 到 ON 的瞬间，M0 接通 1 个扫描周期。

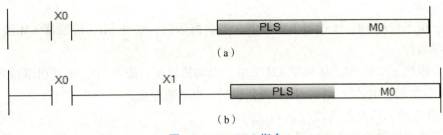

图1-4-5　PLS 指令

（2）下降沿输出 PLF 指令

图1-4-6（a）表示 X0 的下降沿信号到来，即从 ON 到 OFF 的瞬间，M0 接通 1 个扫描周期；图1-4-6（b）表示 X0 和 X1 串联结果的下降沿信号到来，即从 ON 到 OFF 的瞬间，M0 接通 1 个扫描周期。

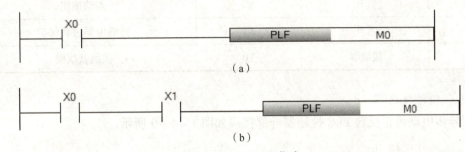

图1-4-6　PLF 指令

（二）ALT（P）交换输出指令

图1-4-7（a）表示当 X0 上升沿到来时，M0 改变输出状态，即当前 M0 如果是 OFF，则变为 ON，当前是 ON，则变为 OFF。ALT 指令的触发条件一定是脉冲信号，如果是常通信号，则 M0 每一扫描周期改变一次状态。图1-4-7（b）表示当 X0 从 OFF 到 ON 时，M0 改变输出状态，即当前如果是 OFF，则变为 ON，当前是 ON，则变为 OFF。以上两个程序段执行效果相同。

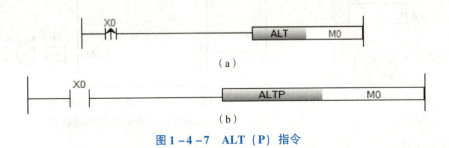

图1-4-7　ALT（P）指令

应用实施

（一）三相异步电动机的单按钮启停控制

1. 控制要求

启动：按下按钮 SB，接触器 KM 得电，电动机运行，松开 SB，接触器 KM 继续得电，电动机继续运行。

停止：再按下按钮 SB，接触器 KM 失电，电动机停止，松开 SB，电动机继续停止。即按下 SB 奇数次时，电动机运行，按下偶数次时，电动机停止。

2. 画出电动机点动与连续控制的主电路

点动与连续控制的主电路如图 1－4－8 所示。

3. I/O 分配表

I/O 分配表见表 1－4－1。

表 1－4－1　I/O 分配表

符号名称	触点、线圈形式	I/O 点地址	说明
SB1	常开	X0	点动按钮
FR	常开	X1	热继电器过载保护
KM	接触器	Y0	接触器线圈

4. PLC 硬件接线图

三相异步电动机正反转 PLC 控制器外部接线如图 1－4－9 所示。

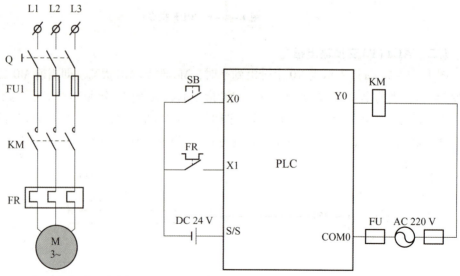

图 1－4－8　三相异步电动机单按钮　　　图 1－4－9　三相异步电动机单按钮
启停控制主电路　　　　　　　　启停控制的 PLC 外部接线图

5. 程序设计

程序如图 1－4－10 所示，按下 SB，X0 接通，M0 接通一个扫描周期，当前周期 M0 常开触点闭合，Y0 常闭触点断开，则 Y0 线圈接通；下一个周期到来时，M0 断开，其常开触点断开，常闭闭合，此周期 Y0 常开闭合，故 Y0 线圈继续得电；再按下 SB 时，M0 接通一个扫描周期，当前周期 Y0 常开闭合，不满足 Y0 接通条件，Y0 线圈断电。

6. 用置复位指令编写程序

如图 1-4-11 所示，初始状态，Y0 常闭接通，此时按下 SB，X0 上升沿接通一个扫描周期，此周期中 Y0 置位指令接通，Y0 得电，电动机运行。M0 接通一个扫描周期，执行后面一条程序时，Y0 接通，而当前周期 M0 常闭断开，故不执行 Y0 的复位；下一个周期时，X0 的上升沿信号断开，所有输出都不执行，Y0 保持接通状态；再按下 SB 时，X0 上升沿又接通一个扫描周期，此周期中 Y0 常闭处于断开状态，常开处于接通状态，则不执行置位 Y0 的输出和 M0 线圈输出指令，当前周期 M0 处于断开状态，则执行 Y0 复位指令，电动机停止。

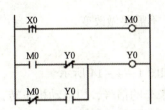

图 1-4-10　单按钮启停控制程序（异或）

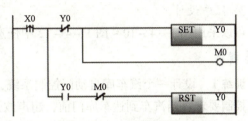

图 1-4-11　单按钮启停控制程序（置复位）

7. 用 ALT/ALTP 指令编写

如图 1-4-12 所示，每次 X0 接通时，对应 Y0 得到反状态，即按下 SB 时，X0 常开接通，Y0 接通，电动机运行，松开 SB，保持接通；再按下 SB 时，X0 常开接通，又执行一次取反指令，Y0 断开，电动机停止。

图 1-4-12　ALT 指令单按钮启停控制程序

单按钮启停与两个按钮的长动控制比较可以节约一个按钮和 PLC 的输入点。

（二）用晶体管输出型 PLC 实现三相异步电动机的控制

1. 控制要求

实训台有一台 FX₅ᵤ-64MT/ES 型 PLC，要实现三相异步电动机的单按钮启停控制。实训台有中间继电器 KA，线圈额定电源为 DC 24 V，触点允许通过 AC 220 V。

三相异步电动机单
按钮启动控制调试结果

2. 外部接线

FX₅ᵤ-64MT/ES 型 PLC 输出点只能驱动 24 V 直流负载，而接触器线圈为 220V 交流负载，不能用这种型号 PLC 直接驱动。可以通过中间继电器放大信号的特性，PLC 直接驱动中间继电器的线圈，再将中间继电器触点去接通交流接触器线圈。三相异步电动机主电路保持不变。

电路分成两部分，如图 1-4-13（a）和图 1-4-13（b）所示。

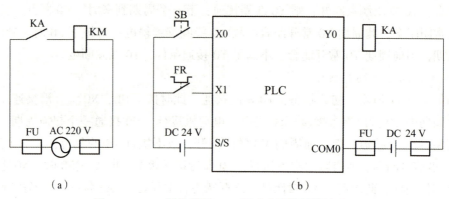

（a）   （b）

图 1-4-13　晶体管型 PLC 驱动交流接触器接线图

（a）中间继电器驱动接触器；（b）PLC 硬件接线图

3. 程序设计

可以采用图 1-4-10~图 1-4-12 中任意一种程序，不需要做改变。

拓展训练

训练 1　设计一个汽车库自动门控制系统，其示意图如图 1-4-14 所示

控制要求：当汽车到达车库门前，超声波开关接收到来车的信号，门电动机正转，门上升，当门升到顶点碰到上限开关时，门停止上升；汽车驶入车库后，光电开关发出信号，门电动机反转，门下降，当下降到下限开关后门时，电动机停止。

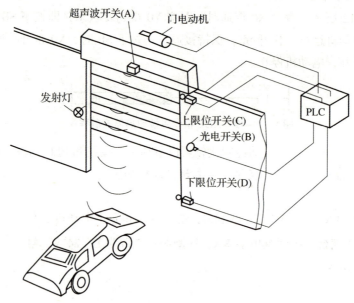

图 1-4-14　汽车库自动门控制系统示意图

训练 2　水塔水位自动控制系统的设计

控制要求：控制系统要实现从水池将水抽送到水塔中，水池和水塔都有上限和下限液位传感器，I/O 分配表见表 1-4-2。按下启动按钮，当水池水位低于下限水位 S4 时，进水阀 Y 打开给水池注水，当液位高于 S4 且水塔液位低于下限 S2 时，水泵 M 打开，将水池的水

往水塔抽，当水池液位高于上限位 S3 时，进水阀关闭，当水塔液位高于 S1 时，水泵关闭。按下停止按钮，关闭进液阀和水泵。

表 1 – 4 – 2　水塔水位 I/O 分配表

输入信号		输出信号	
名称	地址	名称	地址
启动按钮	X0	水泵	Y0
停止按钮	X1	进水阀	Y1
水塔上限位 S1	X2		
水塔下限位 S2	X3		
水池上限位 S3	X4		
水池下限位 S4	X5		

拓展训练 1 调试结果　　　拓展训练 2 调试结果

小课堂

一个按钮，既作启动用，又作停止用，如何实现呢？我们可以积极开动脑筋，发散思维，用多种方法来实现。

项目二

FX₅U系列PLC常用指令的应用

知识目标

1. 掌握 FX₅U 系列 PLC 定时器指令的用法；
2. 掌握 FX₅U 系列 PLC 计数器指令的用法；
3. 掌握定时器指令实现的彩灯闪烁控制程序设计；
4. 掌握计数器指令实现的地下停车场出入口管制控制程序设计。

能力目标

1. 能熟练使用实训平台完成彩灯闪烁控制的系统硬件接线和程序录入、调试运行等操作；

2. 能熟练使用实训平台完成地下停车场出入口管制控制的系统硬件接线和程序录入、调试运行等操作。

素质目标

1. 培养学生细心认真的学习态度；
2. 培养学生分工协作的团队精神。

任务一 定时器实现彩灯闪烁控制

相关知识

很多应用场合都要用到延时功能，PLC 开发出的定时器指令非常实用。不同系列的三菱 PLC 的定时器原理基本类似，指令用法稍微有些差异。针对 FX₅U 系列 PLC 的定时器功能相对比较简单实用。

（一）定时器指令工作原理

1. 定时器定义与分类

（1）定时器的定义

定时器是利用 PLC 内部的时钟脉冲计数的原理而进行计时的。PLC 的定时器用来控制某些事件出现或消失的时间，其作用相当于电气控制中的时间继电器。

（2）定时器的分类

按照工作方式分类：非累积型通电延时定时器和累积型通电延时定时器。非累积型定时器的地址范围是 T0 ~ T511，累积型定时器的地址范围是 ST0 ~ ST15。

按时基标准分类：1 ms、10 ms、100 ms 三种类型，不同的时基标准，定时精度不同。

（3）定时器变量

当前值：16 位无符号整数 0 ~ 32 767。

状态位：1 位。

（4）定时时间的计算

$$定时时间 \ T = 目标值 \ PT \times 时基标准 \ S$$

目标值 PT：人工设定，数据类型为无符号整型。

时基标准 S：由定时器种类（OUT、OUTH 或 OUTHS）决定。OUT 型定时器的时基标准为 100 ms，OUTH 型定时器时基标准为 10 ms，OUTHS 型时基标准为 1 ms。

2. 定时器工作原理分析

（1）指令格式（图 2 – 1 – 1）

图 2 – 1 – 1　指令格式

□：OUT、OUTH、OUTHS，精度类型指令。

（d）：Tn（$n = 0 \sim 511$）、STn（$n = 0 \sim 15$）。Tn 表示非累积型定时器；STn 表示累积型定时器。

Value：设置值，取值范围为 0 ~ 32 767。

例：`OUT T0 K10` 表示接通时定时 1 s。OUT 为定时器的时基标准类型指令，K10 为目标值，K 表示十进制的表示方式。定时时间 $T = 10 \times 100 \ ms = 1 \ s$。

（2）工作原理分析

①非累积型定时器：如图 2 – 1 – 2（a）所示，上电周期或首次扫描时，定时器的状态位为 OFF，当前值为 0；当输入端接通时，定时器开始计时，当前值从 0 开始递增；当前值达到目标值 30 时，定时器状态位为 ON（置位），常开触点闭合，常闭断开，当前值保持在预设值；输入端断开时，定时器复位（当前值清零，状态位置 0）。

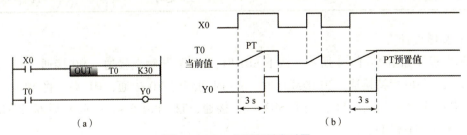

图 2 – 1 – 2　非累积型定时器

（a）非累积型定时器程序；（b）非累积型定时器工作原理分析

②累积型定时器：如图 2 - 1 - 3（b）所示，上电周期或首次扫描时，定时器状态位为掉电前的状态，当前值保持在掉电前的值；当输入端接通时，定时器开始计时，当前值从上次的保持值继续增长；当当前值达到目标值 50 时，定时器状态位为 ON，当前值保持在预设值；当输入端断开时，当前值保持，故累积型定时器只能采用线圈的复位指令进行复位操作，当复位线圈有效时，定时器当前值清零，输出状态位置 0。

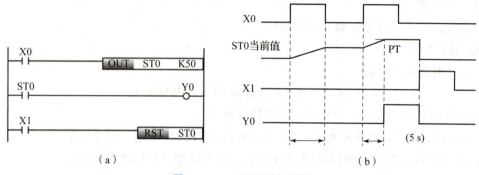

（a）　　　　　　　　　　　　　　　（b）

图 2 - 1 - 3　累积型定时器

（a）累积型定时器程序；（b）累积型定时器工作原理分析

（二）定时器指令应用

1. 延时接通延时断开

（1）控制要求

按下启动按钮 SB1，过 3 s 后 HL 亮；按下停止按钮 SB2，过 5 s 后 HL 灭。

（2）I/O 地址分配

I/O 地址分配表见表 2 - 1 - 1。

表 2 - 1 - 1　I/O 地址分配表

输入信号		输出信号	
名称	地址	名称	地址
SB1	X0	HL	Y0
SB2	X1		
内部元件			
3 s 定时	T0	5 s 定时	T1

（3）程序设计

梯形图程序如图 2 - 1 - 4 所示，按下 SB1 时，X0 常开触点接通，M0 接通，T0 开始定时，松开 X0，M0 保持接通，T0 继续计时。3 s 时间到时 Y0 接通，HL 亮，将 M0 和 T0 复位，Y0 常开触点继续接通 Y0；按下 SB2，X1 接通，T1 计时 5 s，时间到后断开 Y0，HL 灭，同时复位 M1 和 T1。

图2-1-4 延时启动延时停止程序

2. 脉冲信号发生器

（1）控制要求

得到定时器的常开触点信号为 1 s 接通一个扫描周期的信号，如图2-1-5所示。

（2）程序设计

程序如图2-1-6所示。

图2-1-5 1 s脉冲信号

图2-1-6 1 s脉冲发生器程序

应用实施

彩灯闪烁控制

1. 控制要求

按下启动按钮 SB1，HL 以 1 Hz 的频率闪烁；按下停止按钮 SB2，HL 灭。

2. I/O 地址分配表

I/O 地址分配表见表2-1-2。

表2-1-2 I/O 地址分配表

输入信号		输出信号	
名称	地址	名称	地址
SB1	X0	HL	Y0
SB2	X1		
内部元件			
0.5 s 定时	T0	0.5 s 定时	T1

3. PLC 硬件接线图

PLC 硬件接线图如图 2 - 1 - 7 所示。

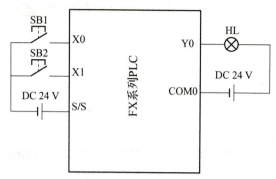

图 2 - 1 - 7　彩灯闪烁控制 PLC 硬件接线图

4. 程序设计

1 Hz 频率即 1 s 周期，也就是亮 0.5 s 灭 0.5 s 的控制要求。

（1）先灭后亮

程序如图 2 - 1 - 8 所示，按下 SB1 时，X0 常开接通，M0 接通并保持，T0 开始计 0.5 s，时间到时 Y0 接通，即 HL 亮，T1 开始计 0.5 s，时间到时 Y0 断开，HL 灭，T1 常闭触点断开，T0 和 T1 复位，T0 又开始计时，如此循环，直到按下 X1 时，M0 断开，Y0 灭。

图 2 - 1 - 8　先灭后亮 1 Hz 频率闪烁程序

（2）先亮后灭

程序如图 2 - 1 - 9 所示，按下 SB1，X0 常开接通，M0 接通并保持，Y0 接通，HL 亮，同时 T0 开始计时 0.5 s，时间到后 T0 常闭断开，Y0 断开，HL 灭，T0 常开接通，T1 开始计时 0.5 s，时间到后 T1 常闭断开，复位 T0 和 T1，Y0 又接通，如此循环，直到按下 SB2，HL 灭。

（3）特殊继电器实现

特殊继电器 SM 是 PLC 内部确定的、具有特殊功能的继电器，用于存储 PLC 系统状态、控制参数和信息，每一个地址代表着固定的特殊意义和功能。常用的特殊继电器见表 2 - 1 - 3。

图 2 – 1 – 9　先亮后灭 1 Hz 频率闪烁程序

表 2 – 1 – 3　FX$_{5U}$ 系列 PLC 常用的 SM 继电器

编号		功能
SM400	SM8000	PLC 为 RUN 时，一直接通；STOP 时断开
SM402	SM8002	PLC 为 RUN 时，第 1 个扫描周期为 ON
SM409	SM8011	10 ms 时钟脉冲
SM410	SM8012	100 ms 时钟脉冲
SM412	SM8013	1 s 时钟脉冲
SM700	SM8022	进位标志位，运算或移位时，结果溢出时置位

注：第一列编号为 GX Works3 编程软件常用地址，第二列为 FX 兼容区域的特殊继电器。第一列和第二列功能一样。

用 SM412 实现 1 Hz 闪烁电路程序，如图 2 – 1 – 10 所示。

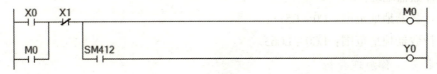

图 2 – 1 – 10　特殊继电器实现闪烁程序

彩灯闪烁控制调试结果　　　拓展训练 1 调试结果　　　拓展训练 2 调试结果

拓展训练

训练 1　一个小时的延时

控制要求：按下 SB1，HL 指示灯亮，1 h 后 HL 指示灯灭。按下 SB2，HL 立即灭。

训练 2　频率为 0.5 Hz 的闪烁电路

控制要求：按下启动按钮 SB1，HL 以 0.5 Hz 的频率闪烁；按下停止按钮 SB2，HL 灭。设计出先灭后亮和先亮后灭两种程序。

小课堂

时间可以被度量，但不会服从任何人的管理，它只会自顾自地流逝。我们无法管理时间，我们真正能够管理的，是我们自己。珍惜时间，不负青春！

任务二　计数器实现地下停车场出入口管制控制

相关知识

很多应用场合都要用到计数功能，PLC 开发出的计数器指令非常实用。不同系列的三菱PLC 的计数器原理基本类似，指令用法稍微有些差异，在实际应用中用来对产品进行计数或完成复杂的逻辑控制任务。

（一）计数器指令工作原理

1. 计数器定义与分类

（1）计数器的定义

计数器用来累计输入脉冲的次数。如条件用常开触点表示，默认为上升沿进行计数，也可采用边沿脉冲信号做计数条件。计数器为加法运算，来一个脉冲信号，加 1。

（2）计数器的分类

按照工作方式分类：普通计数器和高速计数器。

按时计数范围分类：计数器（C）和超长计数器（LC）。计数器一个点使用 1 个字，可计数范围为 0 ~ 65 535；超长计数器一个点使用 2 个字，可计数范围为 0 ~ 4 294 967 295。

（3）计数器地址范围

16 位计数器地址范围：C0 ~ C511；

32 位计数器地址范围：LC0 ~ LC63。

2. 计数器工作原理分析

（1）指令格式（图 2 - 2 - 1）

□：OUT 指令。

（d）：Cn（n = 0 ~ 511）、LCn（n = 0 ~ 63）。Cn 表示计数器；LCn 表示超长计数器。

Value：设置值。

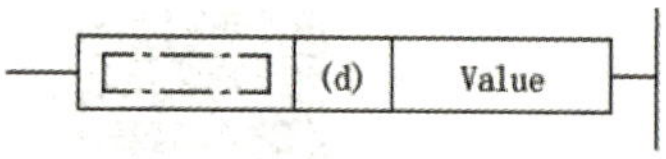

图 2 - 2 - 1　指令格式

例：　表示来一次脉冲信号，C10 加 1，预设值为 5 次，即当第 5 次脉冲信号到来时，C10 当前值为 5，达到预设值。

（2）工作原理分析

梯形图如图 2 - 2 - 2（a）所示，分析其工作原理，如图 2 - 2 - 2（b）所示。X11 从

OFF 变为 ON 时，C0 当前值加 1，当 X11 第 10 次从 OFF 变为 ON 时，C0 当前值为 10，达到预设值，C0 常开触点接通，Y0 接通；再来 X11 脉冲信号，C0 当前值保持不变，C0 常开触点保持接通；当 X10 接通时，复位 C0，当前值变为 0，C0 常开触点断开。

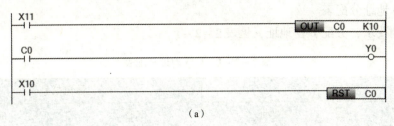

(a)

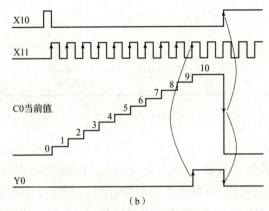

(b)

图 2-2-2 计数器的原理分析案例和计数器的原理分析时序图
(a) 计数器的原理分析案例；(b) 计数器的原理分析时序图

32 位计数器的原理分析和 16 位计数器类似，只是预设值的范围不同。预设值可以为 0，设为 0 和设为 1 的效果一样。

(二) 计数器指令应用

1. 单按钮启停控制

项目一任务四中设计了单按钮启停控制，用计数器指令设计程序，如图 2-2-3 所示。

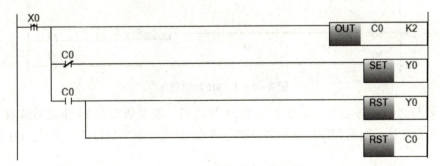

图 2-2-3 计数器实现单按钮启停控制程序

按下 SB 时，X0 上升沿信号接通一个扫描周期，C0 当前值为 1，C0 常闭触点通，Y0 置位为 1；再按下 SB 时，X0 上升沿信号接通一个扫描周期，C0 当前值为 2，C0 常开触点通，Y0 复位为 0，同时将 C0 复位。

2. 三个小时的定时

（1）控制要求

按下启动按钮 SB1，指示灯 HL 亮，3H 后 HL 灭；按下停止按钮 SB2，指示灯 HL 灭。

（2）I/O 地址分配表

根据控制要求，分配 I/O 地址，见表 2 - 2 - 1。

表 2 - 2 - 1 I/O 地址分配表

输入信号		输出信号	
名称	地址	名称	地址
SB1	X0	HL	Y0
SB2	X1		
内部元件			
半小时定时	T0	计数器	C0

（3）程序设计

程序如图 2 - 2 - 4 所示，按下 SB1，X0 常开触点接通，M0 接通并保持，Y0 接通，HL 亮；半个小时后，T0 常开触点接通，C0 当前值加 1，T0 常闭触点断开，复位 T0，T0 常闭触点又接通，重新定时半小时，当第六次定时半小时，即 3 个小时后，C0 常开触点接通，C0 常闭断开，Y0 断开，HL 灭。C0 常开触点通，将 C0 复位，当前值复位为 0，或者按下 SB2，X1 常开触点通，C0 也复位。

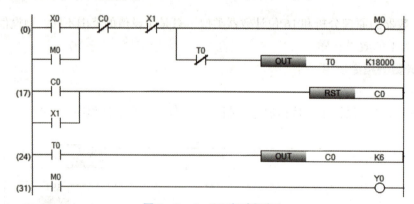

图 2 - 2 - 4 3H 定时程序

注：第 17 步的程序段要放第 0 步和第 24 步之间，如果放在第 24 步之后或者放在第 0 步之前，则会在执行当前程序第 0 步之前就会将 C0 复位，而当执行第 0 步时，C0 常闭触点无法断开。

应用实施

地下停车场出入口管制控制

1. 控制要求

地下停车场的进出车道为单行车道，需设置红绿交通灯来管理车辆的进出，如图 2 -

2-5所示。红灯表示禁止车辆进出，绿灯表示允许车辆进出。当有车从一楼出入口处进入地下室时，一楼和地下室出入口处的红灯都亮，绿灯灭，此时禁止车辆从地下室和一楼出入口处进出。直到该车完全通过地下室出入口处，车身全部通过单行车道，绿灯才变亮，允许车辆从一楼或地下室出入口处进出。同样，当有车从地下室出入口处离开进入一楼时，也是必须等到该车完全通过单行车道处，才允许车辆从一楼或地下室出入口处进出。PLC刚启动时，一楼和地下室出入口处交通灯初始状态为：绿灯亮，红灯灭。

图 2-2-5　地下停车场出入口管制示意图

2. I/O 地址分配表

I/O 地址分配表见表 2-2-2。

表 2-2-2　I/O 地址分配表

输入信号		输出信号	
名称	地址	名称	地址
光电开关	X0	红灯	Y0
光电开关	X1	绿灯	Y1
内部元件			
0.5 s 定时	T0	0.5 s 定时	T1

3. PLC 硬件接线图

PLC 硬件接线图如图 2-2-6 所示。

4. 程序设计

采用多种编程方法编写地下停车场出入口管制红绿灯控制。

（1）不用计数器

程序如图 2-2-7 所示，当 PLC 运行时，SM402 接通一个扫描周期，将 Y0 红灯复位，Y1 绿灯亮；不管车辆是从一楼进入还是从地下室出来，都将 Y0 置位，红灯亮绿灯灭；M10 和 M11 分别是一楼进入和地下室出来的

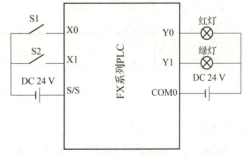

图 2-2-6　地下停车场出入口管制硬件接线图

保持信号，如果是从一楼进入，经过 X0，M10 接通并保持，等到 X1 的下降沿到来 M3 接通

时，表示车辆已驶入地下室，此时复位 Y0，红灯灭绿灯亮；如果是从地下室出来，经过 X1，M11 接通并保持，等到 X0 的下降沿到来 M1 接通时，表示车辆已驶出一楼，此时复位 Y0，红灯灭绿灯亮。

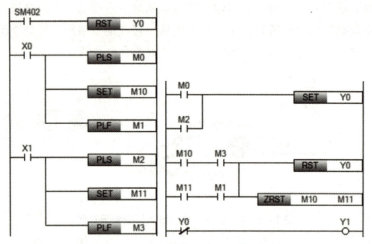

图 2 - 2 - 7　地下停车场出入口管制程序 1

（2）计数器实现

程序如图 2 - 2 - 8 所示，初始状态 Y0 为 0，Y1 为 1，红灯灭绿灯亮。无论是从一楼进入还是从地下室出来，都接通 Y0，红灯亮绿灯灭。当 X0 和 X1 的下降沿共计满 2 次时，表示无论从哪一方向，车身都已经驶离地下通道，此时将红灯灭绿灯亮，同时复位计数器 C0。

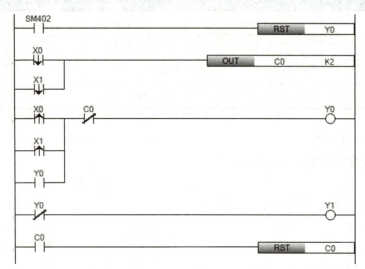

图 2 - 2 - 8　地下停车场出入口管制程序 2

拓展训练

训练　用计数器指令编写三人表决器

主持人前有一个复位按钮和一个指示灯，三位代表各自有一个表决按钮，当两个或两个以上代表按下表决按钮时，主持人前面的指示灯亮，表示

地下停车场
控制调试结果

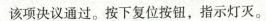

该项决议通过。按下复位按钮，指示灯灭。

小课堂

　　不管是常见的数字钟，还是我国北斗卫星导航系统的"心脏"——原子钟，计数器在各个领域应用广泛。2007 年，中国计量科学研究院成功研制"铯原子喷泉钟"，实现了 600 万年不差一秒，达到世界先进水平。中国成为继法、美、德之后，第四个自主研制成功铯原子喷泉钟的国家，成为国际上少数具有独立完整的时间频率计量体系的国家之一。中国计量科学研究院自主研制的"NIM5 可搬运激光冷却 - 铯原子喷泉时间频率基准"于 2010 年通过了国家质检总局组织的专家鉴定，把中国时间频率基准的准确度提高到 2 000 万年不差一秒，并在国际上首次实验实现喷泉钟直接驾驭氢钟产生地方原子时，这标志着中国时间频率基准的研究跨上了一个新的台阶。2019 年 12 月，新一代的铯原子喷泉基准钟 NIM6 已成功研制，准确度达到 5 400 万年不差一秒，为建设我国独立自主、准确可靠的时间频率体系具有重要意义。

拓展训练
调试结果

项目三

FX₅ᵤ系列PLC基本指令的应用

知识目标

1. 掌握 FX₅ᵤ系列 PLC 的比较指令、移位指令、传送指令、加法指令和减法指令的用法；
2. 掌握十字路口交通灯的设计方法；
3. 掌握音乐喷泉的设计方法；
4. 掌握数码显示的设计方法。

能力目标

1. 具备十字路口交通灯的接线、编程与调试能力；
2. 具备音乐喷泉的接线、编程与调试能力；
3. 具备数码显示的接线、编程与调试能力。

素质目标

1. 培养学生遵守交通灯规则的自律意识和安全意识素质；
2. 培养学生用不同移位指令设计音乐喷泉控制的发散思维和创新意识。

任务一 比较指令实现十字路口交通灯控制

相关知识

三菱 FX₅ᵤ系列 PLC 基本指令中的比较指令、算术指令、传送指令等，应用于数据运算和处理方面。这些指令按照操作数的数据长度可分为 16 位数据指令和 32 位数据指令（用 D 标记）；按照操作数有无符号，可分为无符号指令（用_U 标记）和有符号指令；按照指令的执行方式，可分为连续执行型和脉冲执行型（用 P 标记）。

（一）比较指令工作原理

1. 比较指令的定义与分类

（1）比较指令的定义

数据比较是进行代数值大小比较（即带符号比较）。数据比较指令可以完成大于、小于、等于、大于等于、小于等于、不等于6种功能。

比较指令用于建立控制点，控制现场常有将某个物理量的量值或变化区间作为控制点的情况。如温度低于多少摄氏度就打开电热器，速度高于或低于一个区间就报警等。作为一个控制"阀门"，比较指令常出现在工业控制程序中。

(2) 比较指令的分类

包括触点型比较指令、数据比较指令、区域比较指令和块比较指令。

2. 比较指令工作原理分析

(1) 触点型比较指令 (图3-1-1)

(s1) 和 (s2)：比较数据或存储了比较数据的软元件。

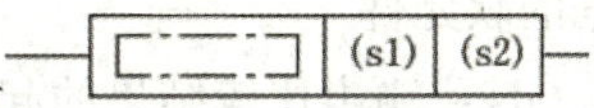

将 (s1) 中指定的软元件数据与 (s2) 中指定的软元件数

据通过常开触点处理进行比较运算。如果数据是16位，则□中

图3-1-1　触点型比较指令

输入 = (_U)、< > (_U)、> (_U)、<= (_U)、< (_U)、>= (_U)的运算关系，分别表示的运算关系是等于、不等于、大于、小于等于、小于和大于等于。当 (s1) 与 (s2) 比较，满足比较运算关系时，比较的结果为真，即接通。如果数据是32位，则□中输入 D = (_U)、D <> (_U)、D > (_U)、D <= (_U)、D < (_U)、D >= (_U)的运算关系。

注：括号中_U表示无符号数，如果运算关系带了_U，则表示 (s1) 和 (s2) 中存储的是无符号16位数或者32位数，不带则表示有符号。

例如：

| = | D0 | D1 |　当D0等于D1时，比较的结果为真，即在程序中接通。

| <> | T0 | D1 |　当T0不等于D1时，比较的结果为真，即在程序中接通。

| > | D0 | K100 |　当D0大于100时，比较的结果为真，即在程序中接通。

| >= | K100 | K90 |　当D0大于等于90时，比较的结果为真，即在程序中接通。

| < | D0 | 2#1111111100000000 |　当D0小于二进制数1111111100000000时，比较的结果为真，即在程序中接通。

| <= | D0 | 16#FABC |　当D0小于等于十六进制数FABC时，比较的结果为真，即在程序中接通。

寄存器D以字或位的形式存储数据。例如D0表示存储了16位数据在地址D0中，D0.0表示D0的第0位。

程序输入方式：

可以直接用键盘在指定位置输入上述比较符号和操作数，也可以加上LD、AND、OR代码，比如需要串联一个D0和D1的大于类型比较指令，键盘上可以输入：AND > D0 D1，然后回车即可。或者在窗口右侧菜单"部件选择" (图3-1-2) 中，选择AND > [2]，拖到需要输入的位置。

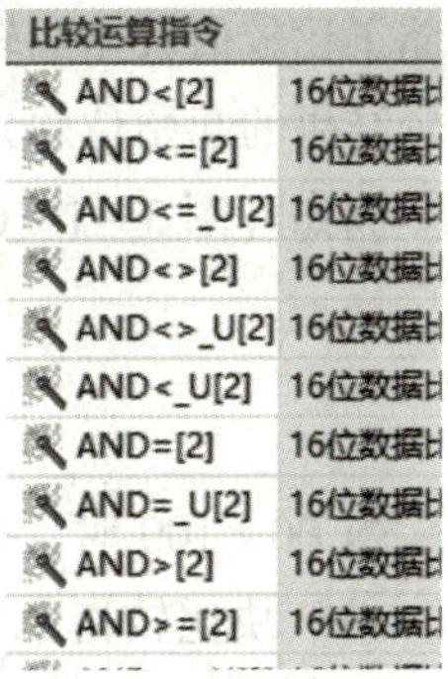

如果操作数是32位数，只需要在比较符号前面加一个"D"。

例如："D > D0 D2"，表示D1D0组成的32位数与D3D2组成的

比较运算指令	
AND<[2]	16位数据比
AND<=[2]	16位数据比
AND<=_U[2]	16位数据比
AND<>[2]	16位数据比
AND<>_U[2]	16位数据比
AND<_U[2]	16位数据比
AND=[2]	16位数据比
AND=_U[2]	16位数据比
AND>[2]	16位数据比
AND>=[2]	16位数据比

图3-1-2　"部件选择"中的比较指令

32 位数进行大于类型的比较。输入方法还可以用键盘敲入“D > D0 D2”或“LDD > D0 D2”，或者在窗口右侧菜单“部件选择”中选择 LDD >[2]，拖到需要输入的位置。如果比较的数是无符号 32 位，则比较符号后加上“_U”，键盘输入也是一样。

（2）数据比较指令（图 3－1－3）

在□中输入 CMP(P)、CMP(P)_U、DCMP(P)、DCMP(P)_U。CMP(P)：16 位有符号数值；CMP(P)_U：16 位无符号数值；DCMP(P)：32 位有符号数值；DCMP(P)_U：32 位无符号数值。

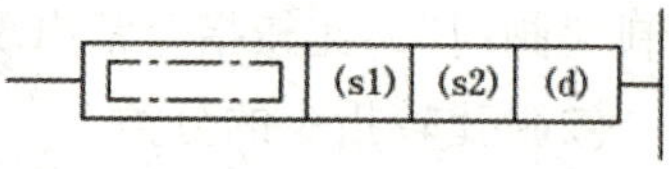
(s1)
(s2)
(d)
图 3－1－3　数据比较指令

（s1）：比较值数据或存储了比较值数据的软元件。（s2）：比较源数据或存储了比较源数据的软元件。

（d）：输出比较结果的起始位软元件。

将（s1）与（S2）进行比较，当（s1）>（s2）时，（d）常开触点接通；当（s1）=（s2）时，（d）+1 常开触点接通；当（s1）<（s2）时，（d）+2 常开触点接通。CMPP 和 CMP 的区别是 CMPP 为左侧条件的上升沿比较一次，CMP 为左侧条件满足时一直执行比较指令。（s1）和（s2）可以是变量，可以是二进制、八进制、十进制、十六进制常数。（d）可以是任何一个位变量地址。

例如（图 3－1－4）：

CMP
D0
D1
M0
图 3－1－4　指令示例

当 D0 > D1 时，M0 常开触点接通；当 D0 = D1 时，M1 常开触点接通；当 D0 < D1 时，M2 常开触点接通。

（3）区域比较指令（图 3－1－5）

在□中输入 ZCP(P)、ZCP(P)_U、DZCP(P)、DZCP(P)_U。当（s3）<（s1）时，（d）接通；当（s1）<（s3）<（s2）时，（d）+1 接通；当（s3）>（s2）时，（d）+2 接通。

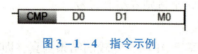

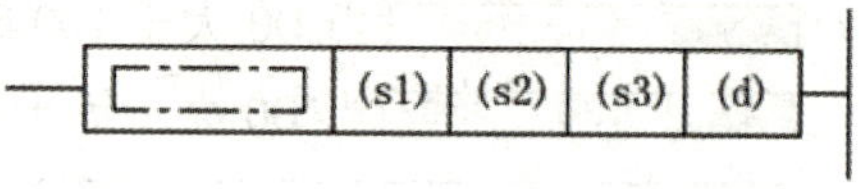
(s1)
(s2)
(s3)
(d)
图 3－1－5　区域比较指令

（s1）：下限的比较值数据或存储了比较值数据的软元件；（s2）：上限的比较值数据或存储了比较值数据的软元件；（s3）：比较源数据或存储了比较源数据的软元件；（d）：输出比较结果的起始位软元件。

例如（图 3－1－6）：

ZCP
K100
K200
D0
M0
图 3－1－6　指令示例

当 D0 < 100 时，M0 接通；当 100 ≤ D0 ≤ 200 时，M1 接通；当 D0 > 200 时，M2 接通。

（4）块比较指令（图 3－1－7）

(s1)
(s2)
(d)
(n)
图 3－1－7　块比较指令

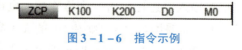

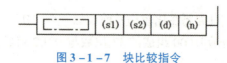

（s1）：比较数据或存储了比较数据的软元件；（s2）：存储比较源数据的软元件；（d）：存储比较结果的起始软元件；（n）：比较的数据数。

在□中输入 BKCMP =（P）（_U）、BKCMP < >（P）（_U）、BKCMP >（P）（_U）、BKCMP < =（P）（_U）、BKCMP <（P）（_U）、BKCMP > =（P）（_U）；或者 DBKCMP =（P）（_U）、DBKCMP < >（P）（_U）、DBKCMP >（P）（_U）、DBKCMP < =（P）（_U）、DBKCMP <（P）（_U）、DBKCMP > =（P）（_U）。块比较指令同样包括等于、不等于、大于、大于等于、小于、小于等于 6 种比较关系。根据数据位数不同和有无符号，可以分为 16 位有符号、16 位无符号、32 位有符号、32 位无符号四种。（s1）连续的（n）个数和（s2）连续的（n）个数——进行对应的运算关系比较，成立则对应的（d）开始的位为 1，不成立则为 0。

例如（图 3 - 1 - 8）：

图 3 - 1 - 8 指令示例

D0 连续的 3 个数与 D10 连续的 3 个数进行比较，比较的结果存在以 D20.2 开始的连续 3 位地址里。比较结果正确，则对应位地址为 1，错误则为 0。即 D0 < D10 结果正确，则 D20.2 为 ON；D1 < D11 结果正确，则 D20.3 为 ON；D2 < D12 结果正确，则 D20.4 为 ON。

（二）比较指令应用

1. 触点型比较指令

如图 3 - 1 - 9 所示的例子中，接通 X0 时，T0 开始定时，当 T0 当前值大于 1 s 小于等于 3 s 时，Y0 接通，当 T0 当前值大于 3 s 时，Y1 接通。断开 X0 时，T0 当前值复位为 0。

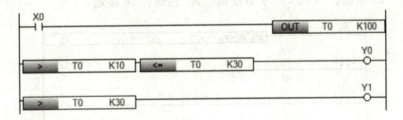

图 3 - 1 - 9 触点型比较指令应用

2. 数据比较指令

如图 3 - 1 - 10 所示的例子中，来一次 X0 的上升沿信号，C0 加 1，同时，当 X0 接通时，执行 CMP 比较指令。当 C0 当前值大于 4 时，M10 接通，Y0 接通；当 C0 当前值等于 4 时，M11 接通，Y1 接通；当 C0 当前值小于 4 时，M12 接通，Y2 接通。X1 接通时，复位 M10 到 M12，复位 C0，当前值变为 0。

3. 区域比较指令

如图 3 - 1 - 11 所示的例子中，当 X0 接通时，T0 开始定时，同时进行比较，当 T0 当前值 < 100 时，M0 接通，Y0 接通；当 100 < T0 当前值 < 200 时，M1 接通，Y1 接通；当 T0 当前值 > 200 时，M2 接通，Y2 接通；X0 断开时，复位 M0 到 M2。

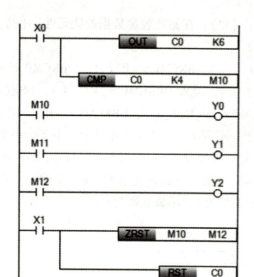

图 3 − 1 − 10　数据比较指令应用

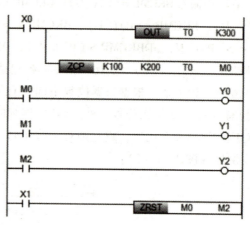

图 3 − 1 − 11　区域比较指令应用

4. 块数据比较指令

如图 3 − 1 − 12 所示的例子中，X0 接通时，执行 BKCMP < > 指令，将 D0 开始的连续 5 个字的数据和 20 进行比较，如果不等于 20，则对应从 D10.0 开始的位软元件接通。当 D0 不等于 20 时，D10.0 接通，Y0 接通；当 D3 不等于 20 时，D10.3 接通，Y1 接通；X1 接通时，D20 开始的 3 个字的数据和 D30 开始的 3 个字的数据进行比较，如果前者小于后者，对应从 M0 开始的位软元件接通。当 D20 小于 D30 时，M0 接通，Y2 接通；当 D21 小于 D31 时，M1 接通，Y3 接通；当 D22 小于 D32 时，M2 接通，Y4 接通。

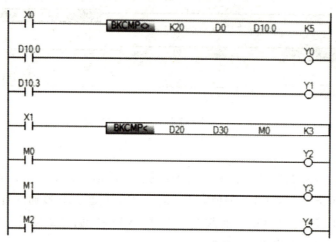

图 3 − 1 − 12　块数据比较指令应用

应用实施

交通灯控制

1. 控制要求

当按下启动按钮后，南北方向红灯亮 15 s，同时东西方向绿灯亮 10 s，然后以 1 Hz 频率闪烁 3 s，接着东西黄灯亮 2 s；当东西黄灯熄灭后，东西红灯亮 15 s，同时南北绿灯亮 10 s，然后以 1 Hz 频率闪烁 3 s，接着南北黄灯亮 2 s，一个周期运行结束，立即循环。如果按下停止按钮，所有灯灭，重新启动后，逻辑过程重新开始。

时序图如图 3 - 1 - 13 所示。

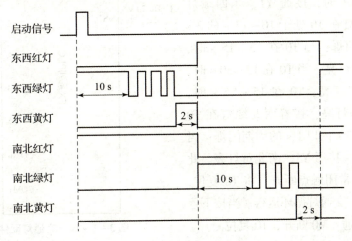

图 3 - 1 - 13　交通灯控制时序图

2. I/O 地址分配表

I/O 地址分配表见表 3 - 1 - 1。

表 3 - 1 - 1　I/O 地址分配表

输入信号		输出信号	
名称	地址	名称	地址
启动按钮	X0	东西红灯	Y0
停止按钮	X1	东西绿灯	Y1
		东西黄灯	Y2
		南北红灯	Y3
		南北绿灯	Y4
		南北黄灯	Y5
内部元件			
30 s 定时	T0	保持运行信号	M0

3. PLC 硬件接线图

PLC 硬件接线图如图 3 - 1 - 14 所示。

4. 程序设计

程序如图3-1-15所示。当按下启动按钮时，X0接通，M0接通并保持，T0开始计时。当T0在0~15 s时，接通Y3，南北红灯亮；T0在0~10 s时，接通Y1，东西绿灯亮，接着东西绿灯在T0处于10~13 s的3 s内以1 s的周期闪烁；当T0在13~15 s时，接通Y2，东西黄灯亮；当T0在15~30 s时，接通Y0，东西红灯亮；T0在15~25 s时，接通Y4，南北绿灯亮，接着南北绿灯在T0处于25~28 s的3 s内以1 s的周期闪烁；当T0在28~30 s时，接通Y5，南北黄灯亮。此时T0到了30 s，常闭触点断开，将T0复位，又重新开始计时，交通灯循环运行。当按下停止按钮时，X1接通，M0断开，T0复位。

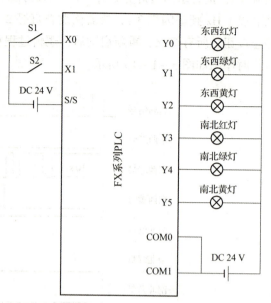

图3-1-14　交通灯硬件接线图

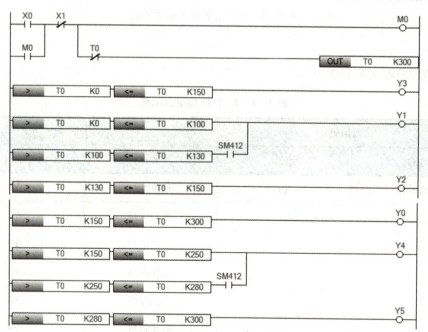

图3-1-15　交通灯控制程序

拓展训练

控制要求：设某工件加工过程分为4道工序完成，共需30 s，其时序图要求如图3-1-16所示。控制开关接通时，按时序循环运行；控制开关断开时，停止运行。而且每次接通控制开关均从第一道工序开始。编制满足上述控制要求的梯形图程序。

交通灯调试结果

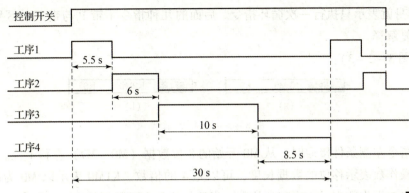

图 3-1-16 4 道工序控制时序图

小课堂

"不以规矩，不能成方圆"，正因为有了规矩的存在，才使得整个社会像一个平滑的圆，没有太多越轨的行为。

拓展训练调试结果

任务二 音乐喷泉的设计

相关知识

在彩灯控制中，通常要求实现逐个点亮、按某顺序依次点亮等花样变化的控制，用移位指令能够大大减轻编程工作量。不同的 PLC 产品的移位指令功能类似，工作原理有些区别。

（一）移位指令工作原理

1. 移位指令的分类

三菱 FX_{5U} 系列 PLC 的移位指令按移动的方向，分为左移和右移；按是否循环，分为不带循环移位和带循环移位；按移位数据的类型，分为位软元件移位和字软元件移位两大类。组合起来，移位指令包括 16 位数据 n 位左移、16 位数据 n 位右移、n 位数据 1 位左移、n 位数据 1 位右移、n 位数据 n 位左移、n 位数据 n 位右移、n 字数据 1 字左移、n 字数据 1 字右移、不带进位循环左移、不带进位循环右移、带进位循环左移、带进位循环右移。

2. 移位指令工作原理分析

（1）16 位数据 n 位左移：SFL(P) 指令（图 3-2-1）

（d）：存储移位数据的软元件起始编号；（n）移位次数。

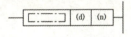

图 3-2-1 SFL(P) 指令

将（d）中指定的软元件的 16 位数据左移（n）位。

例如（图 3-2-2）：

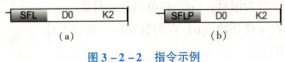

图 3-2-2 指令示例

当移位指令左侧条件接通时，16 位数据 D0 左移 2 位。对于 SFL 指令，条件必须是脉冲信号，表示只执行一次循环移位，如接通条件为一个常开触点，则每周期执行一次循环移位。SFLP 本身就表示只执行一次循环指令。后面的几种指令不带 P 与带 P 的区别都是一样的，不做重复解释。

例如（图 3 - 2 - 3）：

图 3 - 2 - 3　指令示例

当移位指令左侧条件接通时，从 M0 开始的 8 位数据（M0 ~ M7）左移 1 位。

第一个操作数表示移位的数据长度，可以是 4 的倍数。K1M0 表示以 M0 为起始位的 4 位数据。第二个操作数表示一次移的位数。当移的位数大于数据长度时，取余数。如例子中 9 除以 8 的余数为 1，故一次移 1 位。

（2）16 位数据 n 位右移：SFR(P) 指令（图 3 - 2 - 4）

（d）：存储移位数据的软元件起始编号；（n）移位次数。

将（d）中指定的软元件的 16 位数右移（n）位。

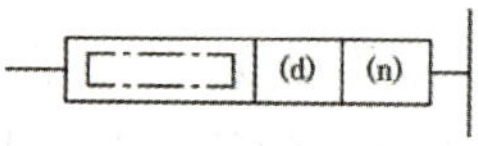

例如（图 3 - 2 - 5）：

图 3 - 2 - 4　SFR(P) 指令

图 3 - 2 - 5　指令示例

当移位指令左侧条件接通时，16 位数据 D10 右移 6 位（图 3 - 2 - 6）。

图 3 - 2 - 6　指令示例

当移位指令左侧条件接通时，从 Y0 开始的 12 位数据（Y0 ~ Y11）右移 3 位。

（3）n 位数据 1 位左移：BSFL(P) 指令（图 3 - 2 - 7）

（d）：移位的软元件起始编号；（n）移位的软元件数。

将（d）中指定的软元件开始（n）点的数据向左移 1 位。

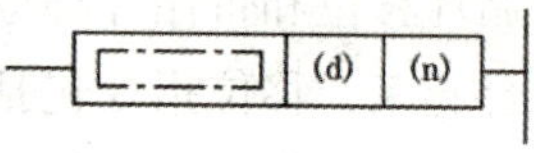

图 3 - 2 - 7　BSFL(P) 指令

例如（图 3 - 2 - 8）：

图 3 - 2 - 8　指令示例

当移位指令左侧条件接通时，从 M0 开始的 5 位数据左移 1 位，即 M0 到 M4 左移 1 位。

（4）n 位数据 1 位右移：BSFR(P) 指令（图 3 - 2 - 9）

（d）：移位的软元件起始编号；（n）移位的软元件数。

将（d）中指定的软元件开始（n）点的数据向右移位 1 位。

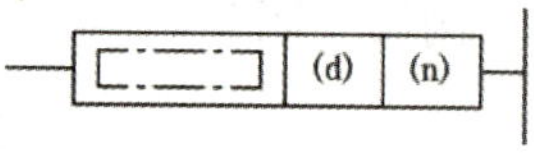

图 3 - 2 - 9　BSFR(P) 指令

例如（图 3 - 2 - 10）：

图 3 - 2 - 10　指令示例

当移位指令左侧条件接通时，从 Y2 开始的 5 位数据右移 1 位，即 Y2 到 Y6 右移 1 位。

（5） n 位数据 n 位左移：SFTL(P)指令（图 3 - 2 - 11）

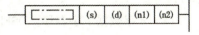

（s）：移位后存储移位数据的软元件起始编号；

（d）：移位的软元件起始编号；（n1）：移位数据的数据长；（n2）：移位数。

图 3 - 2 - 11 SFTL(P)指令

设置时，应满足 n2≤n1 的条件。

将（d）中指定的软元件开始（n1）位的数据向左移（n2）位。

例如（图 3 - 2 - 12）：

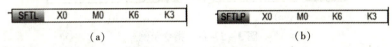

（a） （b）

图 3 - 2 - 12 指令示例

当移位指令左侧条件接通时，从 M0 开始的 6 位数据左移 3 位，低三位用 X0~X2 数值补齐。即 M0~M5 左移 3 位，而 M0~M2 低三位的数值用 X0~X2 的数值添入。X0 也可以用常数表示，将常数化成二进制数，取低三位填入 M0~M2 中。

（6） n 位数据 n 位右移：SFTR(P)指令（图 3 - 2 - 13）

图 3 - 2 - 13 SFTR(P)指令

（s）：移位后存储移位数据的软元件起始编号；（d）：移位的软元件起始编号；（n1）：移位数据的数据长；（n2）：移位数。

设置时，应满足 n2≤n1 的条件。

将（d）中指定的软元件开始（n1）位的数据向右移位（n2）位。

例如（图 3 - 2 - 14）：

（a） （b）

图 3 - 2 - 14 指令示例

当移位指令左侧条件接通时，从 Y0 开始的 8 位数据右移 2 位，高两位用 0 补齐。即 Y0~Y7 右移 2 位，而 Y6~Y7 高两位的数值用 0 添入。

（7） n 字数据 1 字左移：DSFL(P)指令（图 3 - 2 - 15）

（d）：移位的软元件起始编号；（n）：移位的软元件数。

将（d）中指定的软元件开始（n）点的数据向左移 1 个字。

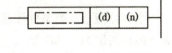

图 3 - 2 - 15 DSFL(P)指令

例如（图 3 - 2 - 16）：

（a） （b）

图 3 - 2 - 16 指令示例

当移位指令左侧条件接通时，从 D0 开始的 5 个字左移 1 个字（16 位），即 D0 到 D4 左移 1 个字。

（8）n 字数据 1 字右移：DSFR(P)指令（图 3 - 2 - 17）

（d）：移位的软元件起始编号；（n）：移位的软元件数。

将（d）中指定的软元件开始（n）点的数据向右移 1 个字。

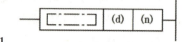

图 3 - 2 - 17　DSFR(P)指令

例如（图 3 - 2 - 18）：

图 3 - 2 - 18　指令示例

当移位指令左侧条件接通时，从 D10 开始的 3 个字右移 1 个字（16 位），即 D10 到 D12 右移 1 个字。

（9）不带进位循环左移：ROL(P)指令（图 3 - 2 - 19）

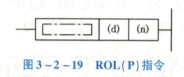

图 3 - 2 - 19　ROL(P)指令

（d）：旋转的软元件起始编号；（n）：旋转的次数。（n）=（0～15）。

将（d）中指定的软元件的 16 位数据，在不包含进位标志的状况下进行（n）位左旋。

例如（图 3 - 2 - 20）：

图 3 - 2 - 20　指令示例

当移位指令左侧条件接通时，D0 的 16 位数据循环左移 2 位，最低两位 D0.1、D0.0 分别由最高两位 D0.F、D0.E 填入。

例如（图 3 - 2 - 21）：

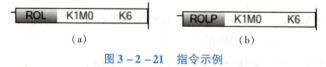

图 3 - 2 - 21　指令示例

当移位指令左侧条件接通时，M0 开始的 4 位数据循环左移 2 位，最低两位 M1、M0 分别由最高两位 M3、M2 填入。

（10）不带进位循环右移：ROR(P)指令（图 3 - 2 - 22）

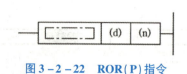

图 3 - 2 - 22　ROR(P)指令

（d）：旋转的软元件起始编号；（n）：旋转的次数。（n）= (0~15)。

将（d）中指定的软元件的 16 位数据，在不包含进位标志的状况下进行（n）位右旋。

例如（图 3-2-23）：

（a）　　　　　　　　　　（b）

图 3-2-23　指令示例

当移位指令左侧条件接通时，D1 的 16 位数据循环右移 4 位，最低四位 D1.3、D1.2、D1.1、D1.0 分别由最高四位 D1.F、D1.E、D1.D、D1.C 填入（图 3-2-24）。

（a）　　　　　　　　　　（b）

图 3-2-24　指令示例

当移位指令左侧条件接通时，Y0 开始的 8 位数据循环右移 3 位，最低三位 Y2、Y1、Y0 分别由最高三位 Y7、Y6、Y5 填入。

（11）带进位循环左移：RCL(P)指令（图 3-2-25）

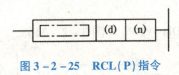

图 3-2-25　RCL(P)指令

（d）：旋转的软元件起始编号；（n）：旋转的次数。（n）= (0~15)。

将（d）中指定的软元件的 16 位数据，在包含进位标志的状况下进行（n）位左旋。

例如（图 3-2-26）：

（a）　　　　　　　　　　（b）

图 3-2-26　指令示例

当移位指令左侧条件接通时，D0 的 16 位数据循环左移 3 位，最低三位 D0.2、D0.1、D0.0 分别由上一次 SM700 的值，以及最高两位 D0.F、D0.E 的数值填入，而移出来的 D0.D 的数值放入 SM700 中。即将进位 SM700 的值也放入循环移位中（图 3-2-27）。

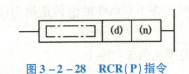

（a）　　　　　　　　　　（b）

图 3-2-27　指令示例

当移位指令左侧条件接通时，Y0 开始的 8 位数据循环左移 2 位，最低两位 Y1、Y0 分别由上一次 SM700 的值和最高位 Y7 填入，而移出来的 Y6 的数值放入 SM700 中。

（12）带进位循环右移：RCR(P)指令（图 3-2-28）

图 3-2-28　RCR(P)指令

（d）：旋转的软元件起始编号；（n）：旋转的次数。（n）=（0~15）。

将（d）中指定的软元件的 16 位数据，在包含进位标志的状况下进行（n）位右旋。例如（图 3 - 2 - 29）：

(a)   (b)

图 3 - 2 - 29　指令示例

当移位指令左侧条件接通时，D10 的 16 位数据循环右移 3 位，最高三位 D10. F、D10. E、D10. D 分别由上一次 SM700 的值及最低两位 D10. 1、D10. 0 填入，而移出来的 D10. 2 的数值放入 SM700 中（图 3 - 2 - 30）。

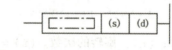

(a)   (b)

图 3 - 2 - 30　指令示例

当移位指令左侧条件接通时，Y0 开始的 8 位数据循环右移 2 位，最高两位 Y7、Y6 分别由最低位 Y0 和上一次 SM700 的值填入，而移出来的 Y1 的数值放入 SM700 中。

（二）数据传送指令

在□中输入 MOV(P) 或者 DMOV(P)（图 3 - 2 - 31）。

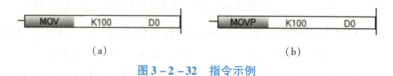

图 3 - 2 - 31　MOV(P) 或者 DMOV(P)

将（s）中指定的软元件的 BIN16 或者 BIN32 位数据传送到（d）中指定的软元件。

（s）：传送源数据或存储了数据的软元件编号；（d）：传送目标软元件编号。

例如（图 3 - 2 - 32）：

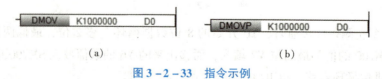

(a)   (b)

图 3 - 2 - 32　指令示例

当传送指令左侧条件接通时，将 100 的值传送给 D0，即 D0 = 100。MOV 表示左侧条件接通时，一直执行传送指令；MOVP 表示左侧条件接通时，只执行一次传送指令（图 3 - 2 - 33）。

(a)   (b)

图 3 - 2 - 33　指令示例

当传送指令左侧条件接通时，将 1000000 的值传送给 D1D0，即 D1D0 = 1000000。带 P 与不带 P 的区别同上。

以上所有指令的数值取值范围见表 3 - 2 - 1。

表 3 - 2 - 1　数值取值范围

名称	范围
16 位有符号	- 32 768 ~ + 32 767
16 位无符号	0 ~ 65 535
32 位有符号	- 2 147 483 648 ~ + 2 147 483 647
32 位无符号	0 ~ 4 294 967 295

(三) 移位指令应用

1. 彩灯逐个点亮控制

(1) 控制要求

按下启动按钮，6 盏彩灯以每隔 1 s 的规律逐个循环点亮，即 1#→2#→3#→4#→5#→6#→1#→2#→…按下停止按钮，灯灭。

(2) I/O 地址分配表

I/O 地址分配表见表 3 - 2 - 2。

表 3 - 2 - 2　I/O 地址分配表

输入信号		输出信号	
名称	地址	名称	地址
启动按钮	X0	1#灯	Y0
停止按钮	X1	2#灯	Y1
		3#灯	Y2
		4#灯	Y3
		5#灯	Y4
		6#灯	Y5
内部元件			
1 s 定时	T0	保持运行信号	M0

(3) 程序设计

程序如图 3 - 2 - 34 所示。PLC 运行时，SM402 接通一个扫描周期，将 0 赋给 Y0 ~ Y7，所有灯处于熄灭状态。按下启动按钮，X0 接通，M0 接通并保持通状态，开始 1 s 循环计时，同时将值 1 传送给 Y0 ~ Y7 的 8 位数据。即 Y0 为 1，1#灯点亮。1 s 时间到后执行 BSFL 移位指令，从 Y0 开始的连续 6 位数据左移 1 位，即 Y0 ~ Y5 这 6 位数据整体左移 1 位，Y1 接通，2#灯点亮；每隔 1 s 左移 1 位，一直到 Y5 为 1，6#灯点亮时，再过 1 s 移位一次全部变为 0，进位标志 SM700 为 1，此时又把 1 赋值给 K2Y0，即将 Y0 接通，1#灯点亮，如此循环。当按下停止按钮时，X1 常闭触点断开，M0 断开，T0 复位。

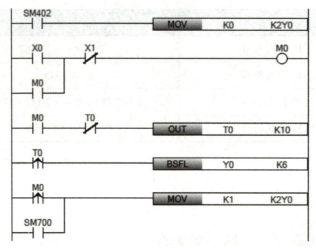

图 3 - 2 - 34　彩灯逐个点亮控制程序

2. 彩灯依次点亮控制

（1）控制要求

按下启动按钮，5 盏彩灯每隔 0.5 s 从 1#到 5#依次点亮，待 5 盏灯全亮后，过 0.5 s 全灭。按下停止按钮，随时灭，再启动时从 1#灯开始点亮。

（2）I/O 地址分配表

彩灯依次点亮 I/O 地址分配表

（3）程序设计

彩灯依次点亮程序

应用实施

音乐喷泉控制

1. 控制要求

置位启动开关 SD 为 ON 时，LED 指示灯依次循环显示 1→2→3→…→8→1、2→3、4→5、6→7、8→1、2、3→4、5、6→7、8→1→2→…，模拟当前喷泉"水流"状态，每次间隔 1 s。

置位启动开关 SD 为 OFF 时，LED 指示灯停止显示，系统停止工作。示意图如图 3 - 2 - 35所示。

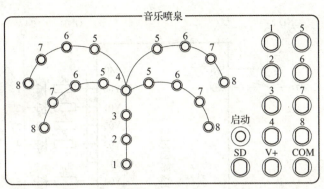

图 3 - 2 - 35　音乐喷泉示意图

2. I/O 地址分配表

I/O 地址分配表见表 3 - 2 - 3。

表 3 - 2 - 3　I/O 地址分配表

输入信号		输出信号	
名称	地址	名称	地址
开关 SD	X0	1#灯	Y0
		2#灯	Y1
		3#灯	Y2
		4#灯	Y3
		5#灯	Y4
		6#灯	Y5
		7#灯	Y6
		8#灯	Y7
内部元件			
1 s 定时	T0		

3. PLC 硬件接线图

PLC 硬件接线图如图 3 - 2 - 36 所示。

4. 程序设计

程序如图 3 - 2 - 37 所示，当按下启动按钮时，X0 接通，T0 为 1 s 脉冲信号，每来一个脉冲信号，计数器 C0 加 1，将 1 赋给 Y0 ~ Y8，即 Y0 接通，1#灯点亮；当计数器未计到 8 次时，执行 BSFL 指令，每隔 1 s 从 Y0 到 Y8 左移 1 位，实现逐个点亮；当 C0 计到 8 次时，将 3 赋给 Y0 ~ Y8，即 Y0 和 Y1 接通，1#和 2#灯亮，每过 1 s 左移 2 位；当 C0 计到 12 次时，将 7 赋给 Y0 ~ Y8，即 Y0、Y1 和 Y2 接通，1#、2#和 3#灯亮，每过 1 s 左移 3 位；当 C0 计到 15 时，C0 常开接通，将 C0 复位，同时将 1 赋给 Y0 ~ Y8，不停循环；当 X0 断开时，将 Y0 ~ Y8 清 0，所有灯灭，C0 复位。

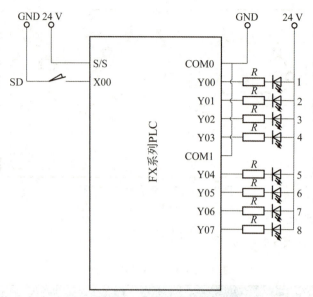

图 3 - 2 - 36　音乐喷泉硬件接线图

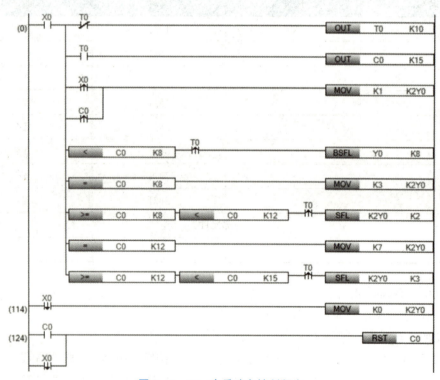

图 3 - 2 - 37　音乐喷泉控制程序

音乐喷泉调试结果

拓展训练调试结果

拓展训练

训练 彩灯依次点亮依次熄灭控制

控制要求：按下启动按钮，10 盏彩灯间隔 2 s 从 1#灯开始依次点亮，当全部点亮后，又以间隔 2 s 的规律依次熄灭，全部熄灭后，又依次从 1#灯点亮，不停循环。按下停止按钮时，灯全灭。

小课堂

我们要掐准时代跳动的"脉搏"，用马克思主义中国化最新理论成果武装自己的头脑，干事创业要创新思路、发散思维，探索工作路径要打破常规、推陈出新，解决问题要多用求解性思维，以新的思想、新的模式助推小我的革新，助力大我的繁荣。

任务三 数码显示控制

相关知识

（一）七段解码指令工作原理

1. 七段解码指令

SEGD(P)可以将 0～F 十六进制的 1 位数输出到七段码 a～g。面板如图 3-3-1 所示，将七段解码 a～g 包括小数点显示 H 与 PLC 接线，如图 3-3-2 所示。

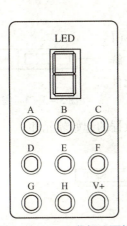

图 3-3-1 七段解码面板

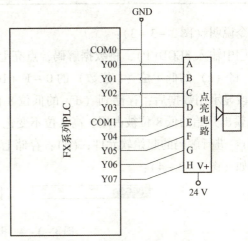

图 3-3-2 七段解码显示 PLC 接线图

显示的 0～F 数据与对应七段码点亮的关系见表 3-3-1。

表 3-3-1 七段解码指令对应数据与七段码对应关系

七段构成	g	f	e	d	c	b	a	显示数据
	0	1	1	1	1	1	1	0
	0	0	0	0	1	1	0	1
	1	0	1	1	0	1	1	2
	1	0	0	1	1	1	1	3

续表

七段构成	g	f	e	d	c	b	a	显示数据
	1	1	0	0	1	1	0	4
	1	1	0	1	1	0	1	5
	1	1	1	1	1	0	1	6
	0	1	0	0	1	1	1	7
	1	1	1	1	1	1	1	8
	1	1	0	1	1	1	1	9
	1	1	1	0	1	1	1	A
	1	1	1	1	1	0	0	b
	0	1	1	1	0	0	1	C
	1	0	1	1	1	1	0	d
	1	1	1	1	0	0	1	E
	1	1	1	0	0	0	1	F

指令说明（图 3 - 3 - 3）：

在□中输入 SEGD(P)，将数据解码，点亮七段数码管（1 位数）。将（s）的低 4 位（1 位数）的 0 ~ F（16 进制数）解码为七段显示用数据后，存储到（d）的低位 8 位中。软元件（d）的输出开始的低 8 位被占用，高 8 位不变化。

图 3 - 3 - 3　指令说明

（s）：进行解码的起始软元件；（d）：存储七段显示用数据的起始软元件。

例如（图 3 - 3 - 4）：

(a)　　　　　　　　　　(b)

图 3 - 3 - 4　指令示例

当指令左侧条件接通时，将 16 位数据 D0 的低 4 位解码到 Y0 开始的 8 位上，其中第 8 位 Y7 始终为 0。SEGD 表示左侧条件接通时一直执行七段解码指令，SEGDP 表示左侧条件接通时也只执行一次七段解码指令。对应接线图如图 3 - 3 - 2 所示。

2. BCD 译码指令

BCD（P）译码指令可以将 0 ~ 9 的数值转换成 BCD 码，输出到 4 位软元件上，面板如图 3 - 3 - 5 所示，译码器和数码显示之间的内部电路如图 3 - 3 - 6 所示，与 PLC 硬件接线图如图 3 - 3 - 7 所示。

显示的 0 ~ 9 数据与对应七段码点亮的关系见表 3 - 3 - 2。

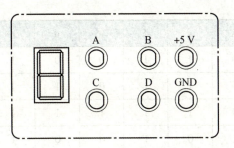

图 3 - 3 - 5　BCD 译码面板

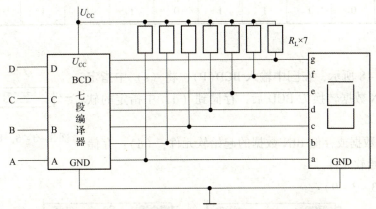

图 3 - 3 - 6　译码电路

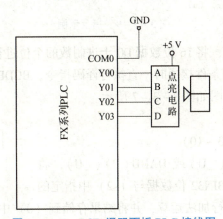

图 3 - 3 - 7　BCD 译码面板 PLC 接线图

表 3 - 3 - 2　BCD 七段译码对应关系

D	C	B	A	g	f	e	d	c	b	a	显示数据
0	0	0	0	0	1	1	1	1	1	1	0
0	0	0	1	0	0	0	0	1	1	0	1
0	0	1	0	1	0	1	1	0	1	1	2
0	0	1	1	1	0	0	1	1	1	1	3

续表

D	C	B	A	g	f	e	d	c	b	a	显示数据
0	1	0	0	1	1	0	0	1	1	0	4
0	1	0	1	1	1	0	1	1	0	1	5
0	1	1	0	1	1	1	1	1	0	1	6
0	1	1	1	0	1	0	0	1	1	1	7
1	0	0	0	1	1	1	1	1	1	1	8
1	0	0	1	1	1	0	1	1	1	1	9

指令说明：

如图 3 – 3 – 8 所示，在□中输入 BCD（P），将（s）中指定的软元件的 BIN 数据转换为 BCD 后，存储到（d）中指定的软元件中。

图 3 – 3 – 8　BCD（P）指令

（s）：BIN 数据或存储 BIN 数据的起始软元件；（d）：存储 BCD 数据的起始软元件。

例如（图 3 – 3 – 9）：

图 3 – 3 – 9　指令示例

当指令左侧条件接通时，将 16 位数据 D0 十进制数的个位进行 BCD 编码，输出到 Y0 开始的 4 位上。BCD 表示左侧条件接通时一直执行译码指令，BCDP 表示左侧条件接通时只执行一次译码指令。对应接线图如图 3 – 3 – 7 所示。

（二）算术运算指令

（1）加法指令（图 3 – 3 – 10）

在□中输入 ADD（P）（_U）或 DADD（P）（_U），将（s1）中指定的 BIN16 位或 BIN32 位数据与（s2）中指定的

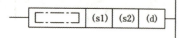

图 3 – 3 – 10　加法指令

BIN16 位或 BIN32 位数据进行加法运算，并将结果存储到（d）中指定的软元件中。

（s1）：加法运算数据或存储加法运算数据的软元件；（s2）：加法运算数据或存储加法运算数据的软元件；（d）：存储运算结果的软元件。

例如（图 3 – 3 – 11）：

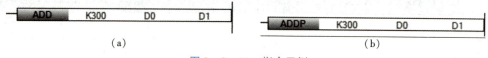

图 3 – 3 – 11　指令示例

当加法指令左侧条件接通时，300 + D0 = D1。ADD 表示左侧条件接通时，每个循环扫描周期执行一次加法指令，左侧条件必须是脉冲信号；ADDP 表示左侧条件接通时，只执行一

次加法指令。

（2）减法指令（图 3-3-12）

在□中输入 SUB（P）（_U）或 DSUB（P）（_U）将（s1）

中指定的 BIN16 位或 BIN32 位数据与（s2）中指定的

BIN16 位或 BIN32 位数据进行减法运算，并将结果存储到（d）中指定的软元件中。

图 3-3-12 减法指令

（s1）：减数数据或存储减数数据的软元件；（s2）：减数数据或存储减数数据的软元件；（d）：存储运算结果的软元件。

例如（图 3-3-13）：

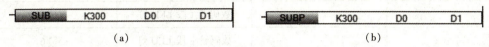

（a）   （b）

图 3-3-13 指令示例

当减法指令左侧条件接通时，300-D0=D1。SUB 表示左侧条件接通时，每个循环扫描周期执行一次减法指令，左侧条件必须是脉冲信号；SUBP 表示左侧条件接通时，只执行一次减法指令。

加法指令和减法指令在运算过程中可能会出现溢出的情况，其标志动作与数值正负的关系见表 3-3-3。

表 3-3-3 标志动作与数值正负的关系

软元件	名称	内容
SM700、SM8022	进位	运算结果超过设置数据范围的上限时，进位标志将动作（ON）
SM8020	零	运算结果为 0 时，零标志将动作（ON）
SM8021	借位	运算结果小于设置数据范围的下限时，借位标志将动作（ON）

（三）七段解码指令应用

1. 倒计时 5 s 控制

（1）控制要求

开启 K0 开关，数码管显示 5，每过 1 s 依次显示 4、3、2、1、0，停止在 0，关断 K0，停止倒计时，数码管显示当前数值。再次开启 K0 开关，又重新开始 5 s 倒计时。数码管有小数点显示，对应图 3-3-1 面板上的 H 接线端口，要求小数点一直显示。

（2）I/O 地址分配表

I/O 地址分配表见表 3-3-4。

表 3-3-4 I/O 地址分配表

输入信号		输出信号	
名称	地址	名称	地址
启动开关 K0	X0	数码管 a 段 LED 灯	Y0

续表

输入信号		输出信号	
名称	地址	名称	地址
		数码管 b 段 LED 灯	Y1
		数码管 c 段 LED 灯	Y2
		数码管 d 段 LED 灯	Y3
		数码管 e 段 LED 灯	Y4
		数码管 f 段 LED 灯	Y5
		数码管 g 段 LED 灯	Y6
		小数点 h 段 LED 灯	Y7
内部元件			
1 s 定时	T0		

（3）程序设计

程序如图 3-3-14 所示，DEC(P)自减指令，当左侧条件接通时，一个扫描周期操作数减 1，新的数值还是存储在当前操作数变量地址中。对应还有 INC(P)自增指令，即当左侧条件接通时，一个扫描周期操作数加 1，新的数值还是存储在当前操作数变量地址中。

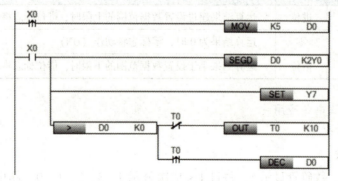

图 3-3-14　倒计时程序 1

开启 K0 开关时，将 5 传送给 D0，同时执行 SEGD 指令，将 D0 的数值进行七段编码指令输出到 Y0~Y7 上，点亮相应的 LED 灯，同时将 Y7 一直接通，数码管显示出 5。T0 计时 1 s 后，执行 DEC 自减指令，D0 从 5 变为 4，数码管显示出 4，此时 T0 常闭触点断开，将 T0 复位，又重新开始定时 1 s，使得数码管一次显示出 3、2、1、0。当 D0 为 0 时，比较指令 D0 大于 0 不成立，定时器不再定时，同时不再执行 DEC 指令，当前数码管一直显示在 0。关闭 K0，X0 断开，数码管显示当前数值。重新开启 K0，数码管显示 5。

从案例中可以看出，SEGD 七段编码指令是一个带保持型的指令，左侧条件断开时，对应的七段 LED 指示灯保持接通状态，使得数码管保持显示当前值。

（4）修改控制要求

上例中实现 K0 断开时，数码管不显示数值，程序修改如图 3 - 3 - 15 所示。

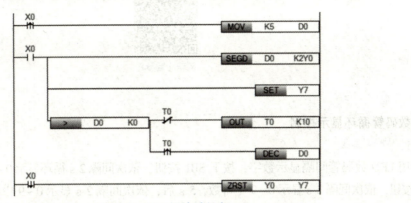

图 3 - 3 - 15　倒计时程序 2

只需要在图 3 - 3 - 14 基础上加上复位指令，K0 断开时，将 Y0 ~ Y7 全部复位，LED 灯灭。注：INC 和 DEC 指令的左侧条件必须是脉冲信号，如果不是，则条件接通时间超过 1 个扫描周期，会自增或者自减多次。INCP 和 DECP 本身表示只自增或自减 1 个扫描周期，也就是加 1 或减 1 一次。不过在本例中，由于 T0 本身就是一个脉冲信号，只导通一个扫描周期就复位，可以不需要使用 T0 的上升沿指令，直接用 T0 常开触点，DEC 也只减 1 次。

2. 篮球比赛记分牌设计

（1）控制要求

用 PLC 控制一个篮球比赛记分牌，如图 3 - 3 - 16 所示，甲乙双方各有一个 1 分、2 分、3 分加分按钮和一个 1 分减分按钮。双方最大计分数为 999 分。裁判按下清零按钮 SB1，双方当前积分变为 0。

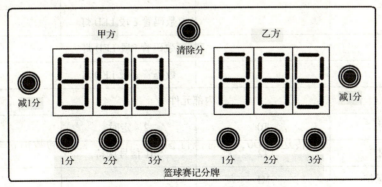

图 3 - 3 - 16　篮球比赛记分牌示意图

（2）I/O 地址分配表

篮球比赛 I/O 地址分配表

（3）程序设计

篮球比赛程序

应用实施

数码管循环显示控制

1. 控制要求

用 LED 数码管间隔显示数字，按下 SB1 按钮，依次间隔 2 s 循环显示 0~9 十个数字，按下 SB2 按钮，依次间隔 2 s 显示 0~9 中奇数，5 s 后，依次间隔 2 s 显示 0~9 中偶数，再过 5 s 后，依次间隔 2 s 显示 0~9 中奇数，如此循环。按下 SB3 按钮，数码管数值为 0。

2. I/O 地址分配表

I/O 地址分配表见表 3-3-5。

表 3-3-5　I/O 地址分配表

输入信号		输出信号	
名称	地址	名称	地址
SB1	X0	数码管 a 段 LED 灯	Y0
SB2	X1	数码管 b 段 LED 灯	Y1
SB3	X2	数码管 c 段 LED 灯	Y2
		数码管 d 段 LED 灯	Y3
		数码管 e 段 LED 灯	Y4
		数码管 f 段 LED 灯	Y5
		数码管 g 段 LED 灯	Y6
内部元件			
2 s 定时	T0	2 s 定时	T1
5 s 定时	T2	SB1 信号保持	M0
SB2 信号保持	M1		

3. PLC 硬件接线图

PLC 硬件接线图如图 3-3-17 所示。

4. 程序设计

程序设计如图 3-3-18 所示，第 0 步和第 4 步的两段程序实现按下 SB1 时的 0~9 间隔 2 s 的数码循环显示。第 98 步开始的一段程序表示无论是按下 SB1 还是按下 SB2 后，都将数值

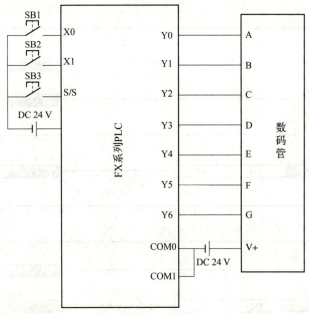

图 3 – 3 – 17　数码管循环显示硬件接线图

D0 进行七段编码输出到 Y0 ~ Y6 上，点亮对应数码管的 LED 灯，数码管显示对应数字。按下 SB1 时，X0 接通，M0 接通并保持接通；将 0 赋给 D0，并进行 2 s 的循环计时，每过 2 s 执行 INCP 自增指令，D0 加 1，当 D0 > 9 时，又将 0 赋给 D0，实现 0 ~ 9 循环显示。

第 33、39、98 开始的三段程序实现按下 SB2 时的 0 ~ 9 间隔 2 s 的奇数显示，再过 5 s 的 0 ~ 9 间隔 2 s 的偶数显示。当按下 SB2 时，X1 接通，M1 接通并保持接通，M0 断开，即断开 0 ~ 9 的循环显示；将 1 赋给 D0，T1 进行 2 s 的循环计时，每过 2 s 执行 ADDP 加法指令，数值加 2，数码管依次显示 1、3、5、7、9，当 D0 等于 9 时，T1 定时不执行，执行 T2 的 5 s 定时，5 s 时间到后将 0 赋给 D0，同时接通 M3，此时 D0 不等于 9，条件满足，T1 又开始 2 s 定时，同时每过 2 s 执行 ADDP 加法指令，数值加 2，数码管依次显示 0、2、4、6、8；当 D0 大于 8 时，又将 1 赋给 D0，开始奇数显示，达到循环奇偶数显示的效果。

当按下 SB3 时，X2 接通，将 M0 和 M1 复位，两组循环显示程序都不执行，同时将 D0 复位，数码显示为 0；将 Y0 ~ Y6 复位，七段 LED 灯熄灭，数码管无显示。

数码显示调试结果

拓展训练调试结果

拓展训练

训练　拔河比赛程序设计

控制要求：示意图如图 3 – 3 – 19 所示，用 9 个指示灯排成一条直线来模拟拔河绳，裁判员按下开始按钮，最中间的指示灯 Y4 亮，表示拔河比赛开始。甲乙双方各持 1 个拔河按

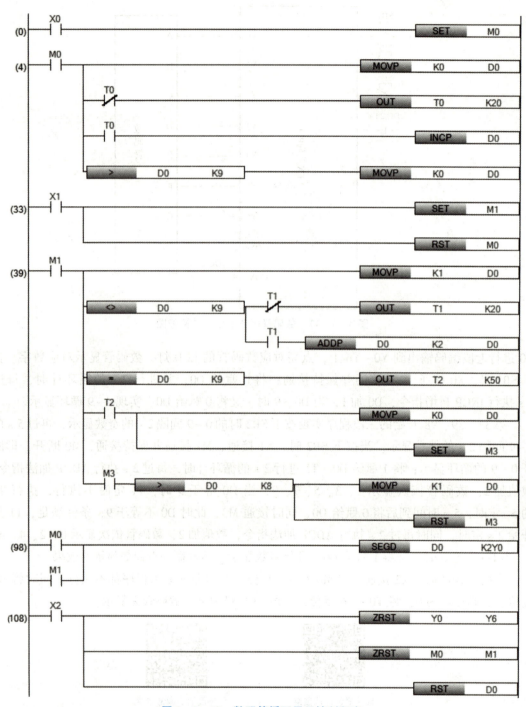

图 3 – 3 – 18　数码管循环显示控制程序

钮，都快速不断地按下各自按钮，每按动 1 次，亮点向本方向移动 1 位。当亮点移到本方端点时，该方获胜，得 1 分，对应数码显示为 1，同时拔河按钮操作失效。当裁判员再次按下比赛控制按钮时，指示灯熄灭，本次比赛结束。每获得一轮比赛胜利，对应数码显示加 1。

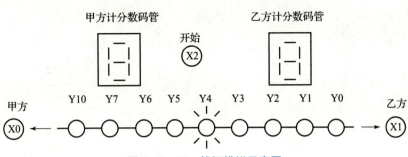

图 3 – 3 – 19 拔河模拟示意图

小课堂

"不饱食以终日，不弃功于寸阴"，学会管理时间，提高学习效率。

第二部分　FX$_\text{5U}$ 系列 PLC 应用指令的应用

项目四

FX₅ᵤ系列PLC的顺序控制设计法

知识目标

1. 掌握 FX₅ᵤ系列 PLC 的单分支、并行序列、选择序列三种不同结构的顺序功能图的画法；
2. 掌握 FX₅ᵤ系列 PLC 顺序功能图转换为梯形图程序的三种方法；
3. 掌握 FX₅ᵤ系列 PLC 的 STL 步进指令的用法；
4. 掌握液体混合控制、钻床钻孔控制及开关门控制的顺序功能图设计。

能力目标

1. 能熟练运用顺序控制设计法完成液体混合控制的系统设计与实施；
2. 能熟练运用顺序控制设计法完成钻床钻孔控制的系统设计与实施；
3. 能熟练运用顺序控制设计法完成开关门控制的系统设计与实施。

素质目标

1. 培养学生的问题导向思维和系统分析能力；
2. 培养学生认真严谨、精益求精的职业素养和工匠精神。

任务一 液体混合控制

相关知识

顺序控制设计法又称为顺序功能图法（Sequential Function Chart, SFC），它是按照生产工艺预先规定的顺序，在各个输入信号的作用下，根据内部状态和时间的顺序，在生产过程中各个执行机构自动有序地进行操作。也就是按照要求一步一步往下执行，上一个工序的工作如果没有做完，程序是不会往下一个工序执行的，一定要等到上一个工序完成后，并接通下一个工序的工作信号，方可往下一工序执行。

功能流程图（简称功能图）又叫状态流程图或状态转移图，它是专用于工业顺序控制程序设计的一种功能说明性语言，能完整地描述控制系统的工作过程、功能和特性，是分析、设计电气控制系统控制程序的重要工具。

（一）顺序功能图的绘制

顺序功能图也是一种通用的技术语言，很容易被初学者接受。顺序功能图主要由步、动作、转换条件组成，也称为顺序功能图的三要素。如图 4 - 1 - 1 所示，M0 ~ M2 为步，步旁边的 Y0、Y1 是动作，X1 ~ X3 是转换条件。示意图释义：当 PLC 上电时，SM402 接通一个扫描周期，将初始步 M0 置位，当 X1 常开触点接通时，转移到 M1 步（M1 步激活），Y0 接通；当 X3 常开触点接通时，激活 M2 步，Y0 断开，Y1 接通；当 X2 常开触点接通时，又激活 M0 步，程序循环。对应梯形图如图 4 - 1 - 2 所示。

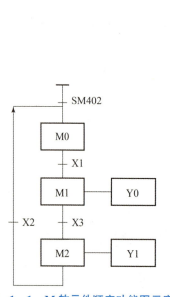

图 4 - 1 - 1　M 软元件顺序功能图示意图

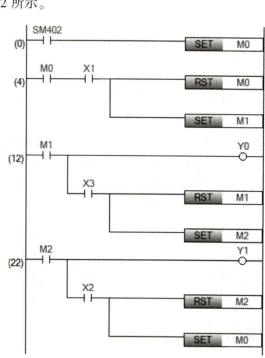

图 4 - 1 - 2　对应梯形图

1. 三要素的概念

（1）步的概念

顺序控制设计法最基本的思想是将系统的一个工作周期划分为若干个顺序相连的阶段，这些阶段称为步（Step），并用编程元件（如位存储器 M 或顺序控制继电器 S）来代表各步。

步是根据 PLC 输出量的状态划分的，只要系统的输出量状态发生变化，系统就从原来的步进入新的步。在每一步内，PLC 各输出量状态均保持不变，但是相邻两步输出量总的状态是不同的。

与系统的初始状态相对应的步称为初始步，初始状态一般是系统等待启动命令的相对静止的状态，初始步用双线方框表示，每一个顺序功能图至少应该有一个初始步。

（2）动作的概念

与步对应的输出即为动作，图 4 - 1 - 1 中的 Y0 和 Y1 为直接输出，只在此步接通，跳出此步断开。如果要保持接通，则可以在 Y0 或 Y1 前面加上 S，对应后面需要复位则加上

R。多个输出动作并排写在对应步的右侧即可。

（3）转换条件的概念

转换条件是使系统从当前步进入下一步的条件。常见的转换条件有按钮、行程开关、定时器和计数器的触点的动作（通/断）等。在顺序功能图中，只有当某一步的前级步是活动步时，该步才有可能变成活动步，必须用初始化脉冲 SM402 的常开触点作为转换条件，将初始步预置为活动步，否则因为顺序功能图中没有活动步，系统将无法工作。如果系统有自动、手动两种工作方式，顺序功能图是用来描述自动工作过程的，这时还应在系统由手动工作方式进入自动工作方式时用一个适当的信号将初始步预置为活动步，即必须外加一个条件来激活初始步，否则顺序功能图无法工作。顺序功能图一定有循环，最后一步一定会返回，但不一定是返回到初始步，根据控制要求可以返回到任一步。步与步之间必须有转换条件，转换条件之间必须有步隔开。

2. S 软元件作为步的顺序控制

S 寄存器是顺序控制的专用状态寄存器。其功能图的结构与 M 寄存器一样，只是用 S 寄存器替代了步。S 寄存器可用地址范围为 S0～S4096，其中，S0～S9 作初始化状态用，S10～S19 作回原点专用，系统默认 S20～S499 作普通状态位用，无断电保持功能，S500～S4096 为停电保持状态位，即停电后重新上电，保持之前的状态，也可以在系统中设置无停电保持和带停电保持状态位的地址范围。

顺序功能示意图如 4-1-3 所示，对应梯形图如 4-1-4 所示。

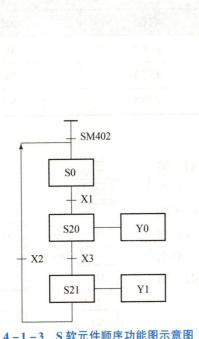

图 4-1-3 S 软元件顺序功能图示意图

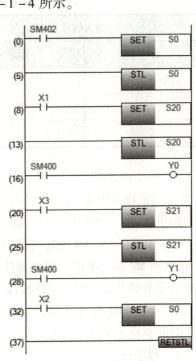

图 4-1-4 对应梯形图

STL 步进指令，左侧不能加任何条件。上一条指令将当前步置位，在写这一步的动作前，要用 STL 指令将状态隔开。程序结束前，要用 RETSTL 指令结束步进指令。

（二）顺序控制法的应用

1. M 寄存器作中间步

（1）控制要求

某零件加工过程分三道工序，共需 16 s，其时序要求如图 4 - 1 - 5 所示。控制开关用于控制加工过程的启动和停止。每次启动皆从第一道工序开始。

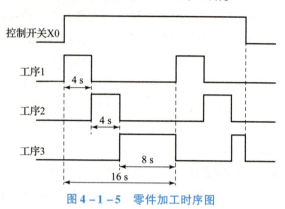

图 4 - 1 - 5　零件加工时序图

（2）I/O 地址分配表

I/O 地址分配表见表 4 - 1 - 1。

表 4 - 1 - 1　I/O 地址分配表

输入信号		输出信号	
名称	地址	名称	地址
启动开关 SA	X0	工序 1	Y0
		工序 2	Y1
		工序 3	Y2

（3）顺序功能图

顺序功能图如图 4 - 1 - 6 所示。当 PLC 运行时，将 M0 初始步激活；当 SA 开启时，M1 步输出工序 1 动作并计时 T0 4 s；如果 X0 还是开启状态，当 T0 时间到后，转移到 M2 步，输出工序 2 动作并计时 T1 4 s；如果 X0 还是开启状态，T1 时间到后转移到 M3 步，输出工序 3 动作并计时 T2 8 s；如果 X0 还是开启状态，则当 T2 时间到后，又返回到初始步，循环动作。

（4）程序设计

M 寄存器作为中间步，可以采取启保停和置复位两种方式编程，程序如图 4 - 1 - 7 所示。

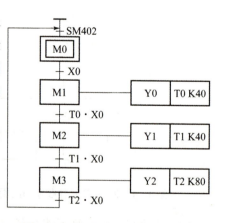

图 4 - 1 - 6　零件加工顺序功能图

　　启保停结构是把前一步的常开触点加上跳转到当前步的条件一起串联作为当前步的启动条件，并联自锁做保持，后一步的常闭触点作为当前步的断开条件。

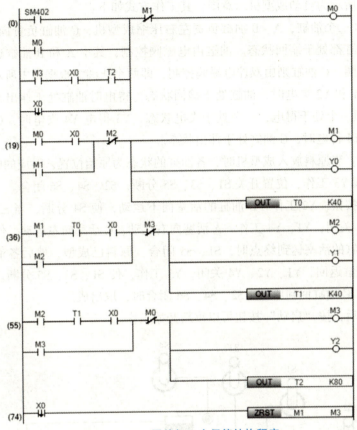

图 4-1-7　零件加工启保停结构程序

　　PLC 上电运行时，SM402 接通一个扫描周期，将初始步 M0 接通并保持，初始步没有动作，故没有其他输出。M0 接通后，如果按下 X0，则 M1 接通并保持，将 M0 步断开，M1 步输出 Y0，T0 进行 4 s 计时，当时间到后，T0 常开触点接通，如果此时 X0 控制开关处于接通状态，则接通 M2 步，同时 Y1 接通，此时 Y0 处于断开状态，T1 进行 4 s 计时，当时间到后，T1 常开触点接通，如果此时 X0 处于接通状态，则接通 M3 步，同时 Y2 接通，此时 Y1处于断开状态，T2 进行 8 s 计时，当时间到后，T2 常开触点接通，如果此时 X0 处于接通状态，则接通 M0 步，Y2 断开，开始循环。

　　如果 X0 断开，则复位 M1 ~ M3 所有步，Y0 ~ Y2 三个工序都停止。同时，将 M0 初始步接通，等待下一次 X0 接通信号再工作。

零件加工置复位编程结构程序

2．S 寄存器作中间步

（1）控制要求

图 4 – 1 – 8 所示为自动成型机示意图，其工作方式如下：

有 A、B、C 三个油缸，A、B 油缸负责左右压缩成型机，C 油缸负责向下压缩成型机，初始状态三个油缸都处于缩回状态。油缸由电磁阀控制，其中 A 和 B 油缸通过单控电磁阀控制，即一个线圈。C 油缸则由双控电磁阀控制，即两个线圈。根据图中所示，A 和 B 油缸的电磁阀线圈 Y1 和 Y2 失电时，油缸处于缩回状态，得电时油缸处于伸出状态；双控电磁阀 Y3 和 Y4 必须一个处于得电，一个处于失电状态。Y3 得电 Y4 失电时，C 油缸处于缩回状态，Y3 失电 Y4 得电时，C 油缸处于伸出状态。

①初始状态：当原料放入成型机时，各油缸的状态为原始位置，对应的电磁阀 Y1、Y2、Y4 关闭，电磁阀 Y3 工作，位置开关 S1、S3、S5 分断，S2、S4、S6 闭合。

②按下启动按钮，Y2 工作，B 油缸的活塞向下运动，使 S4 分断，当 S3 闭合时，启动左、右油缸，Y3 关闭，Y1、Y4 工作，A 活塞向右运动，C 活塞向左运动，使 S2、S6 分断。

③当左右油缸的活塞达到终点时，S1、S5 闭合，原料已成型，然后各油缸开始退回原位，A、B、C 油缸返回，Y1、Y2、Y4 关闭，Y3 工作，使 S1、S3、S5 分断。

④当 A、B、C 油缸回到原位，S2、S4、S6 闭合时，取出成品。

⑤放入原料后，按"启动"按钮可以重新开始工作。

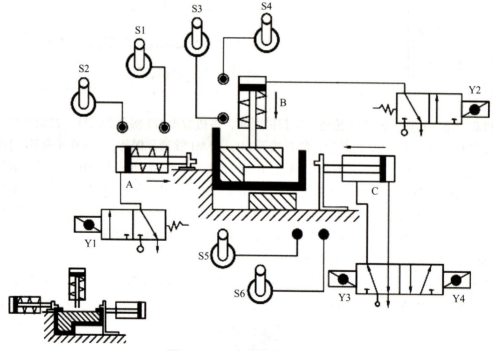

图 4 – 1 – 8　自动成型机示意图

（2）I/O 地址分配表

I/O 地址分配表见表 4 – 1 – 2。

表 4-1-2　I/O 地址分配表

输入信号		输出信号	
名称	地址	名称	地址
启动按钮 SB	X0	A 油缸电磁阀	Y1
S1	X1	B 油缸电磁阀	Y2
S2	X2	C 油缸电磁阀 1	Y3
S3	X3	C 油缸电磁阀 2	Y4
S4	X4		
S5	X5		
S6	X6		

（3）顺序功能图

顺序功能图如图 4-1-9 所示，和 M 寄存器的功能图类似，只是将中间步用 S 寄存器来表示。

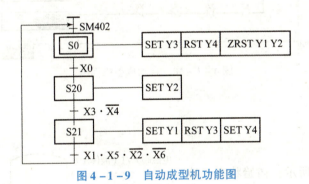

图 4-1-9　自动成型机功能图

（4）程序设计

程序如图 4-1-10 所示，将输出信号 Y 置复位可以保持状态，下一步时，只要没有改变状态，则还是保持，这是和前面的直接输出的区别。PLC 上电运行时，接通 S0 初始步，STL 为步进指令，后面加上当前步地址，表示开始这一步的动作。第 8 步开始的一段程序表示复位 Y1、Y2、Y4，置位 Y3，三个油缸都处于缩回状态，当按下启动时，X0 接通，将 S20 步激活；第 23 步开始的一段程序表示写 S20 步的动作；第 26 步开始的一段程序表示置位 Y2，B 油缸向下运动，此时 S4 断开，S3 闭合，即 X4 常闭接通，X3 常开接通，将 S21 步激活；第 37 和第 40 步开始的两段程序表示写 S21 这一步，置位 Y1 和 Y4，复位 Y3，A 和 C 油缸伸出，此时 S2 和 S6 断开，S1 和 S5 接通，即 X2 和 X6 常闭接通，X1 和 X5 常开接通，工件压缩成型，接通 S0 初始步，执行三个气缸的缩回动作。

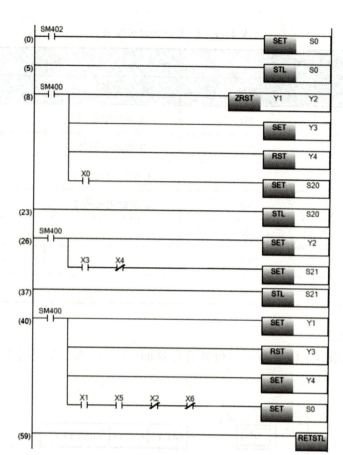

图 4-1-10　自动成型机程序

应用实施

液体混合控制

1. 控制要求

如图 4-1-11 所示，初始状态：液体罐中没有液体，电磁阀、搅拌机和加热器都处于停止状态。

①按下启动按钮 SB1，电磁阀 YV1、YV2 打开，进 A、B 液体。

②罐中液位上升，当液面到达液位检测信号 L2 时，YV1、YV2 关闭，同时 YV3 打开，进 C 液体。

③当液面到达液位检测信号 L1 时，YV3 关闭，停止进液体，电动机 M 运行，搅拌机开始搅拌。

④搅拌 20 min 后，电动机 M 停止，

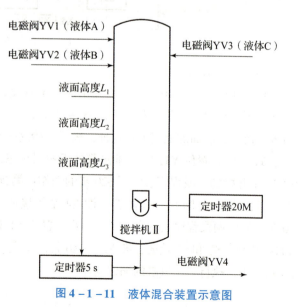

图 4-1-11　液体混合装置示意图

同时电炉H开始加热。

⑤当罐中温度达到设定值时，温度传感器T发出信号，此时电炉停止加热，同时电磁阀YV4打开，放出混合液。

⑥随着液体流出，液位下降，当降至低液位L3时，再放5 s，以保证容器中残留混合液彻底放空。又开始进液体，进入下一周期工作。任意时刻按下停止按钮SB2时，各路输出均停止工作。

2. I/O 地址分配表

I/O 地址分配表见表4-1-3。

表4-1-3 I/O 地址分配表

输入信号		输出信号	
名称	地址	名称	地址
启动按钮 SB1	X0	液体 A 进液电磁阀 YV1	Y0
高液位传感器 L1	X1	液体 B 进液电磁阀 YV2	Y1
中液位传感器 L2	X2	液体 C 进液电磁阀 YV3	Y2
低液位传感器 L3	X3	混合液出液电磁阀 YV4	Y3
温度传感器 T	X4	搅拌机 M	Y4
停止按钮 SB2	X5	加热炉 H	Y5

3. PLC 硬件接线图

PLC 硬件接线图如图4-1-12所示。

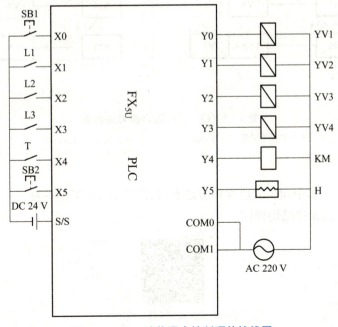

图4-1-12 液体混合控制硬件接线图

4. 顺序功能图

M 寄存器作中间步和 S 寄存器作中间步的顺序功能图如图 4 - 1 - 13（a）和 4 - 1 - 13（b）所示。PLC 运行时，激活初始步 M0 或 S0，当按下启动按钮 SB1 时，X0 接通，跳转到 M1 或 S20 步，Y0 和 Y1 接通，进液体 A 和 B；当液位上升到 L2 时，X2 接通，跳转到 M2 或 S21 步，Y2 接通，停止进液体 A 和 B，进液体 C；当液位上升到 L1 时，跳转到 M3 或 S22 步，接通 Y4，T0 开始计时 20 min，停止进液体 C，启动搅拌机，搅拌 20 min；T0 时间到后跳转到 M4 或 S23 步，接通 Y5，停止搅拌，电炉开始加热；当温度达到时，X4 接通，跳转到 M5 或 S24 步，接通 Y3，停止加热，出液阀打开，放液体；当放到低于 L3 下限位时，X3 的下降沿信号接通，跳转到 M6 或 S25 步，计时 5 s，同时还在放液体；5 s 时间到后，返回到 M1 或 S1 步又开始下一循环的动作。

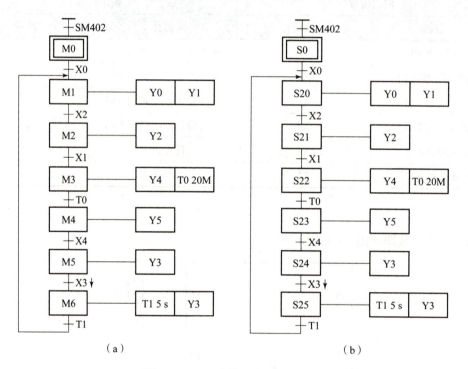

（a）   （b）

图 4 - 1 - 13　液体混合控制功能图

（a）M 寄存器液体混合控制功能图；（b）S 寄存器液体混合控制功能图

5. 程序设计

三种功能图（M 作中间步的启保停方法和置复位方法功能图一样）对应的梯形图见二维码液体混合控制启保停结构程序。

液体混合控制启保停结构程序

三种结构的程序都是根据功能图按照特定的规律编写的。功能图中出现两步接通 Y3，对于 M 作中间步的结构，不能在每一步都写 Y3 的输出线圈，否则会造成双线圈输出的问题，放在后面单独列出，M5 或 M6 步接通 Y3，但对于 S 作中间步的结构，允许双线圈输出，故在每一步中直接输出；停止按钮 SB2 按下时，X5 接通，都是将除去初始步以外的所有步复位，将初始步置位。

液体混合控制调试结果

拓展训练

训练　液压动力滑台控制

控制要求：液压动力滑台是组合机床用来实现进给运动的通用部件，动力滑台通过液压传动可以方便地进行换向和调速的工作。在实际工作时的运动过程一般是：快进→工进→快退。这三个运动过程由快进、工进、快退三个电磁阀控制。

图 4 - 1 - 14 所示为滑台运动示意图，在原点处（SQ1处），按下启动按钮，滑台按照预定的顺序周而复始地运行。

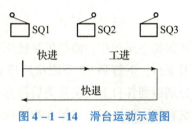

图 4 - 1 - 14　滑台运动示意图

小课堂

人生需要我们一步接着一步踏踏实实地走，只有时间到了或者条件成熟了，才能顺利进入下一个人生阶段。

拓展训练调试结果

任务二　钻床钻孔控制

相关知识

顺序功能图除了有任务一中的单支路结构，还有并行序列结构和选择序列结构。

（一）并行序列结构顺序功能图

当转换的实现导致几个分支同时激活时，采用并行序列。其功能图如图 4 - 2 - 1 所示，当满足 X1 接通的条件时，同时激活 M2（S20）、M4（S22）、M6（S24）三步。并行序列的特点是同一条件下激活不同步，最后合并时又在同一转换条件下去执行同一步动作。

（二）并行序列顺序功能图的应用

剪板机的控制

1. 控制要求

图 4 - 2 - 2 所示是剪板机的结构示意图，开始时压钳和剪刀在上限位置，限位开关被压下，X0 和 X1 常开接通；按下启动按钮 X5，首先板料右行至右限位开关 X3；然后压钳下行

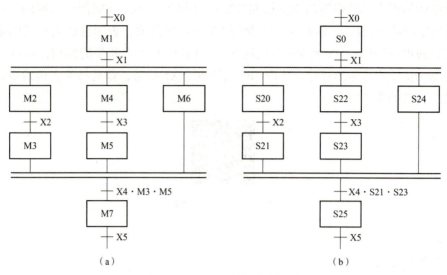

图 4 - 2 - 1　并行序列功能图

（a）M 继电器作中间步顺序功能图；（b）S 继电器作中间步顺序功能图

并保持下压动作，使得板料被压紧，压力开关 X4 接通，此时剪刀下行，下行到 X2 下限位后停止下行，压钳和剪刀一起上行；分别碰到各自上限位开关后停止上行，开始循环工作；剪完 10 块料后，停止工作并停在初始状态。

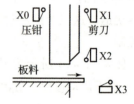

图 4 - 2 - 2　剪板机示意图

2. I/O 地址分配表

I/O 地址分配表见表 4 - 2 - 1。

表 4 - 2 - 1　I/O 地址分配表

输入信号		输出信号	
名称	地址	名称	地址
压钳上限位	X0	板料右行	Y0
剪刀上限位	X1	压钳上行	Y1
剪刀下限位	X2	压钳下行	Y2
板料右限位	X3	剪刀上行	Y3
压力开关	X4	剪刀下行	Y4
启动按钮	X5		

3. 顺序功能图

S 步进继电器和 M 继电器作中间步的顺序功能图如图 4 - 2 - 3 所示。当 PLC 运行时，将 S0（M0）初始步激活，初始步将计数一个循环 10 次的计数器 C0 复位；满足压钳和剪刀在上限位置时，X0 和 X1 接通，当按下启动按钮 X5 时，激活 S20（M1）步，Y0 接通，板料右行，右行到限位开关 X3 时，激活 S21（M2）步，接通 Y2，压钳下行，当压钳压紧板料时，压力开关 X4 闭合，激活 S22（M3）步，接通 Y2 和 Y4，压钳继续保持下行动作，将板料压紧，同时剪刀下行，下行到剪刀下限位 X2 时，激活 S23（M4）和 S24（M5），接通 Y1 和 Y3，压钳和剪刀上行，分别碰到各自的上行限位 X0 和 X1 时，激活 S25（M6）和 S26（M7）步，C0 加 1，表示剪完一块板料。C0 在 S25（M6）和 S26（M7）的任意一步加 1 都可以。当 C0 没有加到 10 时，激活 S20（M1）步，循环动作，当 C0 加到 10 时，返回到初始步，等待启动按钮按下时再动作。

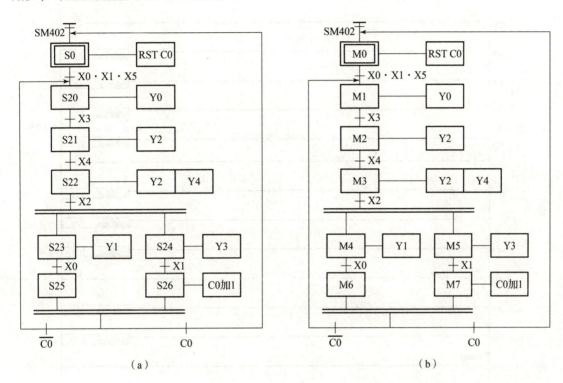

图 4 - 2 - 3　剪板机顺序功能图

（a）S 步进继电器作中间步顺序功能图；（b）M 继电器作中间步顺序功能图

4. 程序设计

针对顺序功能图，采用步进顺控指令和置复位 M 中间步的两种方式编程，梯形图如图 4 - 2 - 4 和二维码所示。

剪板机控制程序

在图 4 - 2 - 4 中，对于 S25，未执行具体动作，只是用来作为接通下一步的条件之一，也可以使用 STL S25 指令，表示开始执行 S25 步的输出动作，执行完成后会自动复位 S25 步。

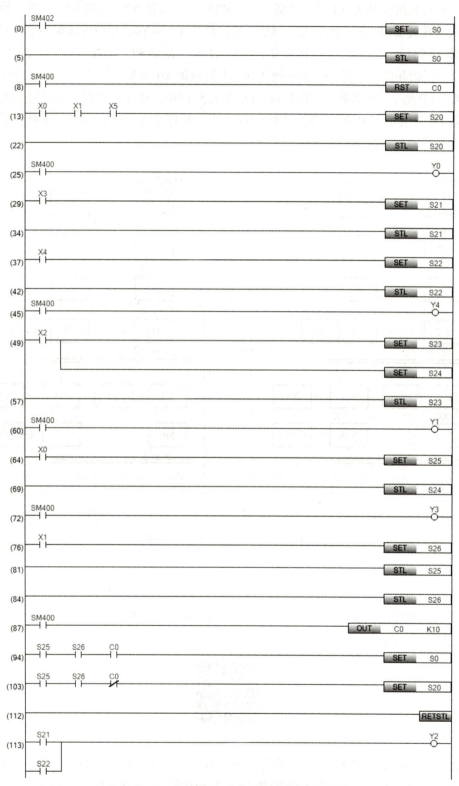

图 4－2－4　剪板机 STL 步进顺控指令结构程序

应用实施

钻床钻孔控制

1. 控制要求

如图 4 - 2 - 5 所示，某专用钻床用两只大小不同的钻头同时钻两个孔。

①初始状态：开始自动运行之前，两个钻头在最上面，压下对应的上限位开关，X3 和 X5 为 ON，夹紧工件设备处于放松状态，放松检测开关 X6 为 ON。

②操作人员放好工件后，按下启动按钮 SB，工件被夹紧后，两只钻头同时开始下行，钻到由限位开关 X2 和 X4 设定的深度时分别上行，回到限位开关 X3 和 X5 设定的起始位置分别停止上行。

③两个钻床都到位后，工件被松开，松开到位后，加工结束，系统返回初始状态。

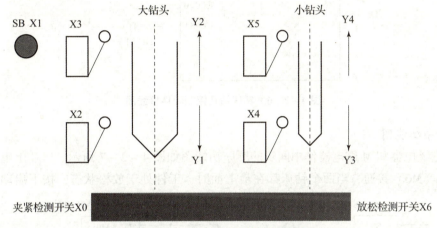

图 4 - 2 - 5   钻床钻孔控制示意图

2. I/O 地址分配表

I/O 地址分配表见表 4 - 2 - 2。

表 4 - 2 - 2   I/O 地址分配表

输入信号		输出信号	
名称	地址	名称	地址
夹紧检测开关	X0	工件夹紧	Y0
启动按钮 SB	X1	大钻头下行	Y1
大钻头钻孔深度限位	X2	大钻头上行	Y2
大钻头上限位	X3	小钻头下行	Y3
小钻头钻孔深度限位	X4	小钻头上行	Y4
小钻头上限位	X5	工件放松	Y5
放松检测开关	X6		

3. PLC 硬件接线图

硬件接线图如图 4 - 2 - 6 所示。

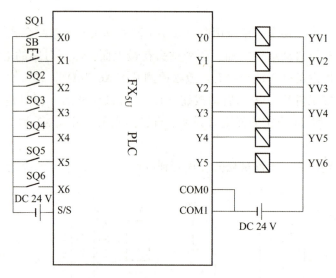

图 4 - 2 - 6　钻床钻孔控制硬件接线图

4. 顺序功能图

S 步进继电器和 M 继电器作中间步的顺序功能图如图 4 - 2 - 7 所示。PLC 上电运行时，初始步 S0（M0）接通，当两个钻床都在最上面时，工件处于放松状态，按下启动按钮时，

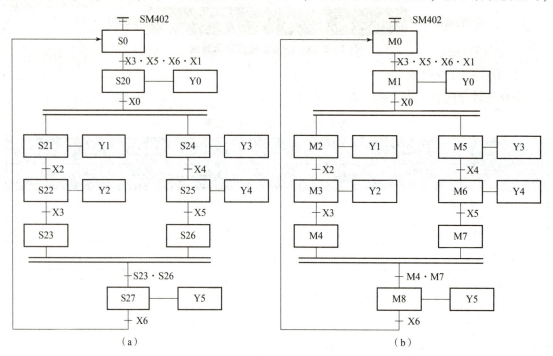

图 4 - 2 - 7　钻床钻孔控制功能图

（a）S 步进继电器中间步钻床钻孔控制功能图；（b）M 继电器中间步钻床钻孔控制功能图

激活 S20（M1）步，执行工件夹紧动作，Y0 接通；当工件夹紧检测开关信号为 ON 时，激活 S21（M2）和 S24（M5）步，大钻头和小钻头同时下行，分别接通 Y1 和 Y3；当大钻头下行到 X2 限位开关时，激活 S22（M3）步，大钻头上行，接通 Y2；当小钻头下行到 X4 限位开关时，激活 S25（M6）步，小钻头上行，接通 Y4；当大钻头上行到上限位 X3 时，激活 S23（M4）步；当小钻头上行到上限位 X5 时，激活 S26（M7）步；当 S23（M4）和 S26（M7）步都被激活时，激活 S27（M8）步，执行工件放松动作，接通 Y5；当工件放松检测开关 X6 接通时，返回初始步 S0（M0）。

5. 程序设计

针对顺序功能图，采用步进顺控指令和置复位 M 中间步的两种方式编程，梯形图如图 4-2-8 和二维码所示。

钻床钻孔控制程序

图 4-2-8 中，S23 和 S26 步没有输出动作，可以和图 4-2-4（a）一样，在将 S27 步激活后，用指令 STL S23 和 STL S26 将 S23 与 S26 自动复位，也可以不用 STL 指令，直接使用 S23 和 S26 后，用 RST 复位指令复位。

拓展训练

钻床钻孔控制
调试结果

训练 1　钻床加工控制

控制要求：图 4-2-9 所示为钻床加工示意图。某专用钻床用来加工圆盘状零件上均匀分布的 6 个孔，开始自动运行时，两个钻头在最上面的位置，限位开关 X3 和 X5 为 ON。操作人员放好工件后，按下启动按钮 X0，Y0 变为 ON，工件被夹紧，夹紧后压力继电器 X1 为 ON，Y1 和 Y3 使两只钻头同时开始工作，分别钻到由限位开关 X2 和 X4 设定的深度时，Y2 和 Y4 使两只钻头分别上行，升到由限位开关 X3 和 X5 设定的起始位置时，分别停止上行，设定值为 3 的计数器 C0 的当前值加 1。两只钻头都上升到位后，若没有钻完 3 个孔，C0 的常闭触点闭合，Y5 使工件旋转 120°，旋转到位时，限位开关 X6 为 ON，旋转结束后，又开始钻第 2 对孔。3 对孔都钻完后，计数器的当前值等于设定值 3，C0 的常开触点闭合，Y6 使工件松开，松开到位时，限位开关 X7 为 ON，系统返回到初始状态。

训练 2　化学反应装置控制

控制要求：图 4-2-10 所示为某化学反应装置控制。装置由 4 个容器组成，容器之间用泵连接，以此进行化学反应。每个容器都装有检测容器已满、已空的传感器，2#容器还带有加热器和温度传感器，3#容器带有搅拌器，当 1#容器和 2#容器中的液体抽入 3#容器时，启动搅拌器。3#、4#容器是 1#、2#容器体积的两倍，可以由 1#、2#容器的液体装满。

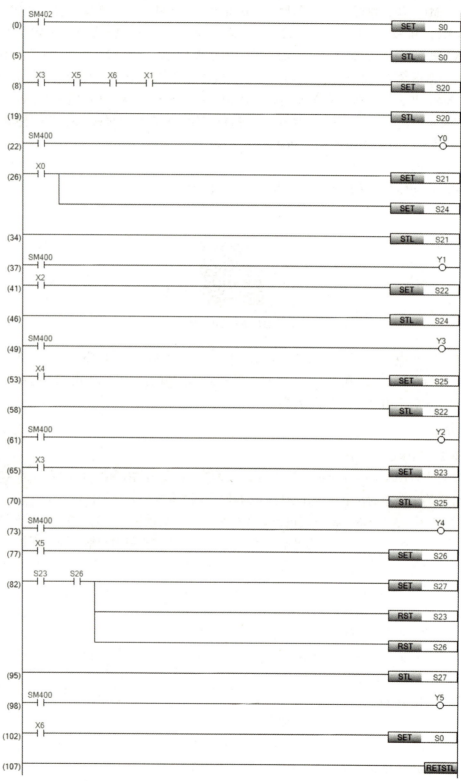

图 4 – 2 – 8 钻床钻孔控制 STL 步进顺控指令结构程序

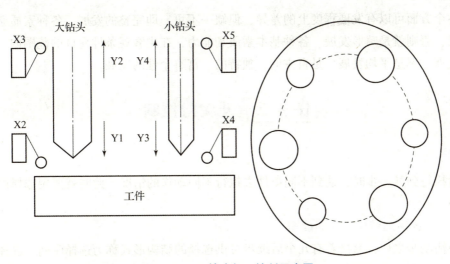

图 4 - 2 - 9　钻床加工控制示意图

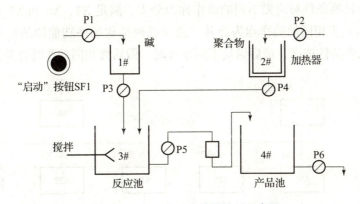

图 4 - 2 - 10　化学反应装置控制示意图

工作原理：按动启动按钮后，1#、2#容器分别用泵 P1、P2 从碱和聚合物库中将其灌满，灌满后传感器发出信号，P1、P2 关闭，然后 2#容器加热到 60 ℃时，温度传感器发出信号，关断加热器。P3、P4 分别将 1#、2#容器的液体送到 3#反应池中，同时启动搅拌器，搅拌时间为 60 s。一旦 3#满或 1#、2#空，则泵 P3、P4 停止并等待。当搅拌时间到时，P5 将混合液抽到 4#容器中，直到 4#满或 3#空。成品用 P6 抽走，直到 4#空。整个过程结束，再次按动"启动"按钮，新的循环开始。

拓展训练 1 调试结果　　　　　　**拓展训练 2 调试结果**

小课堂

马克思认为，人的全面发展表现为人的劳动能力、体力、智力、个性才能和志趣的全面发展。各个方面可以有发展程度上的差异，但缺一不可，即完整的发展。各种素质必须获得协调发展，否则就是畸形发展。各种基本素质和能力，在主客观条件允许的范围内，尽可能多方面发展。不是平均发展，是自主的、独特的、富有个性的发展。

任务三　开关门控制

相关知识

有时执行到某一步时，遇到不同条件去执行不同动作的情况，此时就要用选择序列结构的功能图。

（一）选择序列结构顺序功能图

一个活动步之后，紧接着有几个后续步可供选择的结构形式称为选择序列。选择序列的各个分支都有各自的转换条件，转换条件只能标在水平线之内，选择序列的开始称为分支，选择序列的结束称为分支的合并。如图 4-3-1 所示，M1（S0）步动作完成后，满足 X1、X4 和 X7 不同的转换条件对应做不同的动作称为分支，满足 X3、X6 和 X7 不同的转换条件去执行 M8（S26）步相同的动作称为合并。选择系列结构顺序功能图的特点在于，做某一步动作时产生几个条件选择，最后满足不同条件时，做后续相同动作时合并。

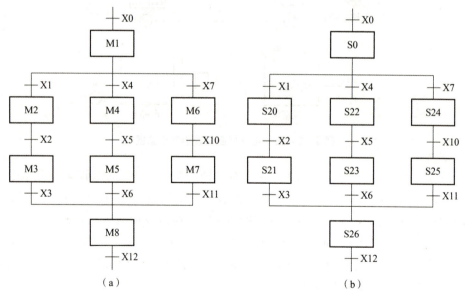

图 4-3-1　选择序列功能图

（a）M 继电器作中间步顺序功能图；（b）S 继电器作中间步顺序功能图

（二）选择序列结构顺序功能图的应用

大小球分拣的控制

1. 控制要求

图 4-3-2 所示是大小球分拣的结构示意图，其控制要求如下：

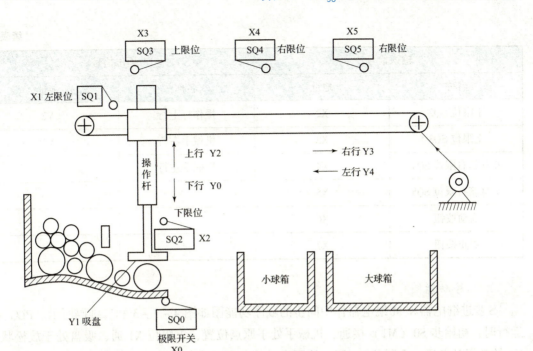

图 4 – 3 – 2　大小球分拣控制示意图

①当输送机处于起始位置时，上限位开关 SQ3 和左限位开关 SQ1 被压下，极限开关 SQ0 断开。

②启动装置后，操作杆下行，一直到 SQ0 闭合。此时，若碰到的是大球，则 SQ2 仍为断开状态；若碰到的是小球，则 SQ2 为闭合状态。

③接通控制吸盘的电磁阀线圈 Y1。

④假设吸盘吸起的是小球，则操作杆向上行，碰到 SQ3 后，操作杆向右行；碰到右限位开关 SQ4（小球的右限位开关）后，再向下行；碰到 SQ2 后，将小球释放到小球箱里，然后返回到原位。

⑤如果启动装置后，操作杆下行一直到 SQ0 闭合后，SQ2 仍为断开状态，则吸盘吸起的是大球，操作杆右行碰到右限位开关 SQ5（大球的右限位开关）后，将大球释放到大球箱里，然后返回到原位，继续下一个循环的动作。

⑥如果按下停止按钮，则等此次循环动作完成后停止。

2. I/O 地址分配表

I/O 地址分配表见表 4 – 3 – 1。

表 4 – 3 – 1　I/O 地址分配表

输入信号		输出信号	
名称	地址	名称	地址
极限开关 SQ0	X0	操作杆下行	Y0
左限位 SQ1	X1	吸盘	Y1

续表

输入信号		输出信号	
名称	地址	名称	地址
下限位 SQ2	X2	操作杆上行	Y2
上限位 SQ3	X3	机械手右行	Y3
小球箱右限位 SQ4	X4	机械手左行	Y4
大球箱右限位 SQ5	X5		
启动按钮	X6		
停止按钮	X7		

3. 顺序功能图

S 步进继电器和 M 继电器作中间步的顺序功能图如图 4 – 3 – 3 和二维码所示。PLC 上电运行时，初始步 S0（M1）接通，机械手处于原点位置，上限位 X1 通，吸盘处于放松状态，Y1 的常闭触点通，上限位 X3 通，按下启动按钮 X6 时，激活 S20（M2）步，操作杆下行，Y0 通；当操作杆下行压实后，SQ0 极限开关被压下；如果是大球，直径比小球大，X2 限位开关不会被压下，如果是小球，则 X2 限位开关被压下。通过 X2 的状态来判断目前正下端是大球还是小球。故此处转换条件做一个分支，当满足 X0 通，X2 不通时，表示是大球，激活 S21 步，将吸盘置位，计时 1 s，1 s 内吸盘吸住球；当满足 X0 通，X2 通时，表示是小球，激活 S24（M6）步，将吸盘置位，计时 1 s，1 s 内吸盘吸住球；1 s 时间到，大球分支路中激活 S22（M3）步，小球分支路中激活 S25（M7）步，机械手上行；上行碰到上限位 X3 通，大球分支路中激活 S23（M4）步，小球分支路中激活 S26（M8）步，机械手右行，接通 Y3；大球右行到 SQ5 限位开关时，机械手放球并返程，小球右行到 SQ4 限位开关时，机械手放球并返程，后续的动作完全一样，故分支路可以合并，同时激活 S27（M9）步，机械手下行，到达下限位时，激活 S28（M10）步，复位 Y1，吸盘释放，1 s 计时，当 1 s 时间到后，激活 S29（M11）步，机械手上行，接通 Y2；当上行碰到上限位 X3 时，激活 S30（M12）步，机械手左行，接通 Y4；当左行到左限位时，X1 接通，如果中途按过 X7，M0 接通并保持接通状态，根据 M0 的状态分支返回，当 M0 的常开接通时，表示此循环中按过停止按钮，返回到初始步，当 M0 的常闭触点接通时，表示此循环中未按过停止按钮，返回 S20（M2）步。

大小球分拣 M 继电器作中间步顺序功能图

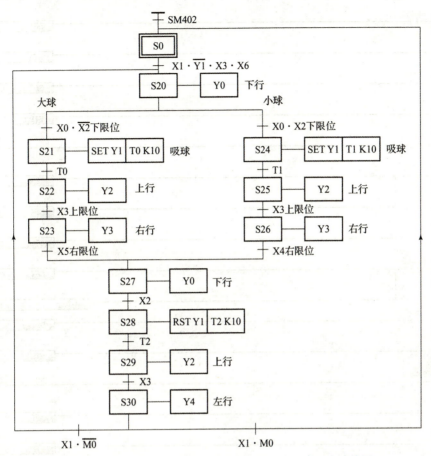

图 4-3-3　大小球分拣 S 步进继电器作中间步顺序功能图

4. 程序设计

针对顺序功能图，采用步进顺控指令和置复位 M 中间步两种方式编程，梯形图如图 4-3-4 和二维码所示。

大小球分拣置复位 M 中间步结构程序

对比两种程序结构，可以看出，STL 步进指令结构中不存在双线圈输出问题，同一个输出变量多次输出，运行正常，也可以放在 RETSTL 指令之后单独将条件并联输出一次；而置复位 M 中间步结构则需要单独将条件并联输出一次。

应用实施

开关门控制

1. 控制要求

如图 4-3-5 所示，初始状态：自动门处于关闭状态。

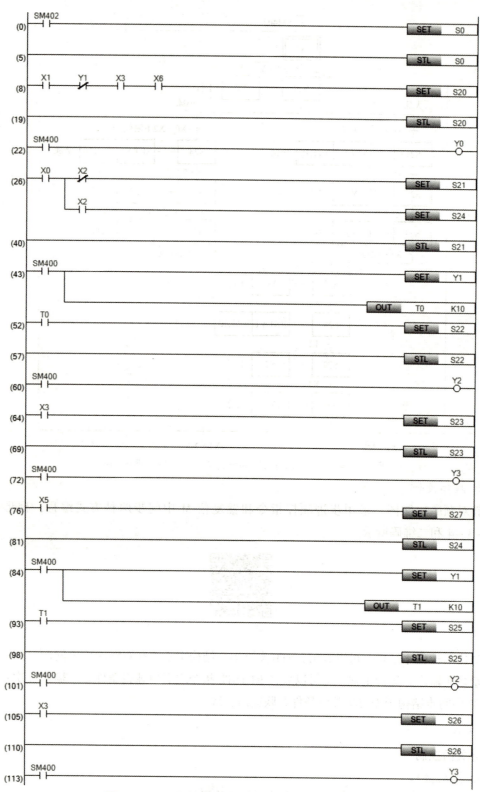

图 4 - 3 - 4　大小球分拣 STL 步进顺控指令结构程序

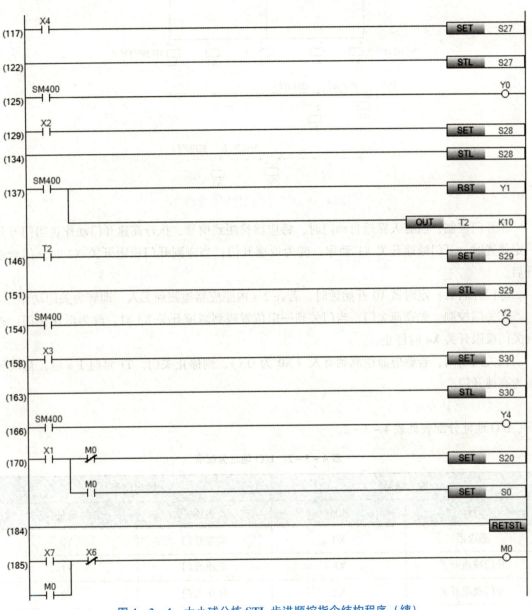

图 4 – 3 – 4　大小球分拣 STL 步进顺控指令结构程序（续）

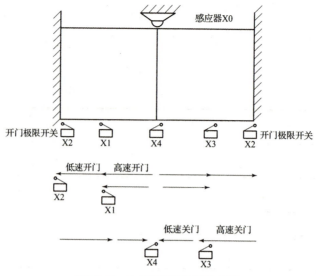

图 4 - 3 - 5   开关门控制示意图

①开门控制，当有人靠近自动门时，感应器检测到信号，执行高速开门动作；当门开到一定位置时，开门减速开关 X1 动作，变为低速开门；当碰到开门极限开关 X2 时，门全部开启。

②门开启后，定时器 T0 开始延时，若在 2 s 内感应器检测到无人，即转为关门动作。

③关门控制，先高速关门，当门关到一定位置碰到减速开关 X3 时，改为低速关门，碰到关门极限开关 X4 时停止。

在关门期间，若感应器检测到有人（X0 为 ON），则停止关门。T1 延时 1 s 后，自动转换为高速开门。

2. I/O 地址分配表

I/O 地址分配表见表 4 - 3 - 2。

表 4 - 3 - 2   I/O 地址分配表

输入信号		输出信号	
名称	地址	名称	地址
感应器	X0	高速开门	Y0
开门减速开关	X1	低速开门	Y1
开门极限开关	X2	高速关门	Y2
关门减速开关	X3	低速关门	Y3
关门极限开关	X4		

3. PLC 硬件接线图

硬件接线图如图 4 - 3 - 6 所示。

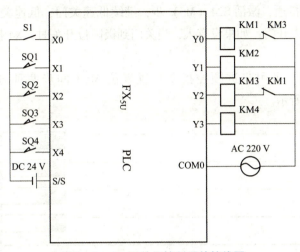

图 4 - 3 - 6　开关门控制硬件接线图

4. 顺序功能图

　　S 步进继电器和 M 继电器作中间步的顺序功能图如图 4 - 3 - 7 所示。PLC 上电运行时，初始步 S0（M0）接通，当有人靠近门时，X0 接通，激活 S20（M1）步，高速开门，Y0 接通；当碰到高速开门限位开关时，激活 S21（M2）步，转为低速开门，接通 Y1；碰到开门极限位开关时，激活 S22（M3）步，计时 2 s，2 s 时间到后，启动高速关门，如果关门途中有人过来，则激活 S25（M6）步，1 s 后转到 S20（M1）步去开门；如果没有人，则关门到

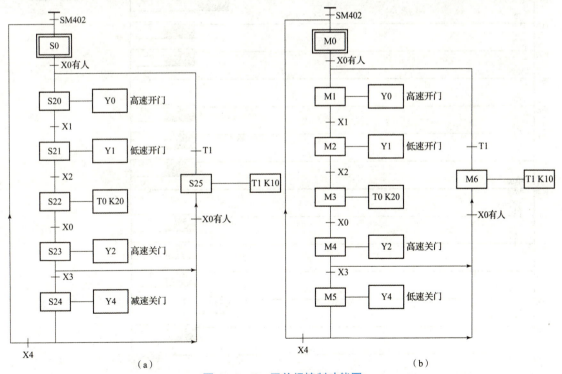

图 4 - 3 - 7　开关门控制功能图

（a）S 步进继电器中间步开关门控制功能图；（b）M 继电器中间步开关门控制功能图

高速限位开关时，X3 接通，激活 S24（M5）步，继续低速关门，低速关门时，如果有人，还是激活 S25（M6）步去开门；如果没有人，当关门到极限位开关时，X4 接通，返回初始步。

5. 程序设计

针对顺序功能图，采用步进顺控指令和置复位 M 中间步两种方式编程，梯形图如图 4-3-8 和二维码所示。

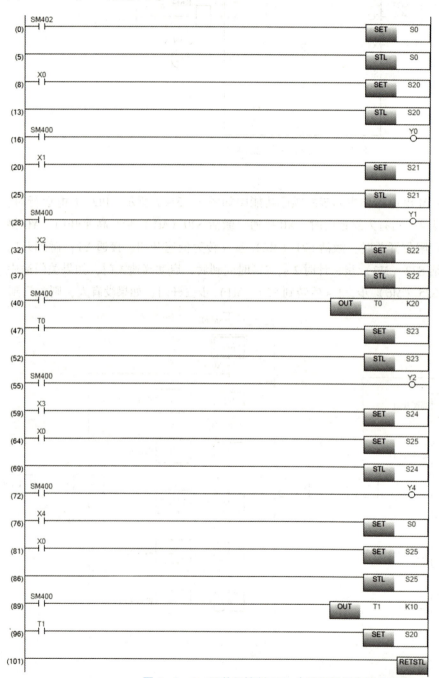

开关门控制置复位 M 中间步结构程序

图 4-3-8 开关门控制 STL 步进顺控指令结构程序

开关门控制调试结果　　　　拓展训练调试结果

拓展训练

训练 全自动洗衣机的控制

控制要求：图 4 – 3 – 9 所示为全自动洗衣机的示意图。

①按启动按钮，首先进水电磁阀打开，进水指示灯亮；

②当水位到达上限时，进水阀关闭，进水指示灯灭，搅拌轮正反轮流搅拌，各两次；

③等待几秒钟，排水阀打开，排水指示灯亮，过 2 s 后甩干桶运行，甩干桶指示灯亮，亮 2 s 后又灭；

④当水位降至下限时，排水阀关闭，排水指示灯灭，进水阀打开，进水指示灯亮；

⑤重复两次①~④的过程；

⑥水位第三次降至下限时，蜂鸣器报警 5 s 后，整个过程结束。

操作过程中，如果按下停止按钮，可随时终止洗衣机的运行。手动排水按钮是独立操作命令，单独按下手动排水按钮，排水阀打开，排水指示灯亮，手动排水到下限位时停止排水。

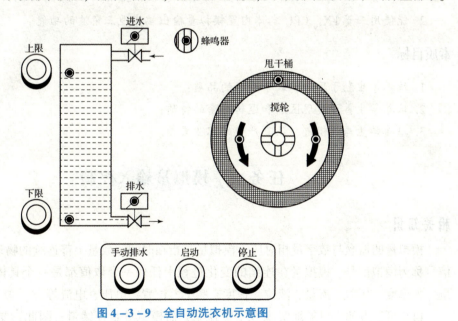

图 4 – 3 – 9　全自动洗衣机示意图

小课堂

人的一生面临很多选择，不同的选择决定了不一样的人生之路，尽管道路不同，但各有各的精彩。愿我们居高处，不傲慢，守住芳华；处低位，不自卑，耐住寂寞；遇平地，不懈怠，敢于求索。唯有走好选择的路，才能不负此生。

FX₅U系列PLC的模拟量控制

知识目标

1. 掌握 FX₅U 系列 PLC 的模拟量输入信号和输出信号的参数设置；
2. 掌握 FX₅U 系列 PLC 的模拟量输入信号和输出信号的接线方式；
3. 掌握 FX₅U 系列 PLC 的模拟量输入信号和输出信号的程序编写方法。

能力目标

1. 能熟练掌握可变电压给定 FX₅U 系列 PLC 的模拟量输入信号的调试方法；
2. 能使用三菱 FX₅U CPU 本体内置模拟量输出端实现三角波的功能。

素质目标

1. 培养学生勤于思考、敢于创新的品质；
2. 培养学生善于发现区别和逻辑缜密的特质；
3. 培养学生与时俱进、认真严谨的职业素养。

任务一 模拟量输入控制

相关知识

模拟量的概念与数字量相对应。模拟量是指在时间和数量上都连续的物理量，其表示的信号称为模拟信号。模拟量在连续的变化过程中任何一个取值都是一个具体有意义的物理量，如温度、压力、流量、液位、速度、频率、位置、电压、电流等。

PLC 可以方便、可靠地实现数字量控制，而模拟量是连续量，因此，要将 PLC 应用于模拟量控制系统中，首先要求 PLC 必须具有模拟量和数字量的转换功能，即 A/D（模/数）和 D/A（数/模）转换，实现对现场的模拟量信号与 PLC 内部的数字量信号进行相互转换。FX₅U PLC 可以通过 PLC 本体内置的模拟量输入/输出通道，或增添模拟量输入/输出适配器、模拟量输入/输出扩展模块等方式实现模拟量的控制。

(一) FX₅ᵤ系列 PLC 内置模拟量输入信号介绍

1. 模拟量输入 (A/D) 介绍

模拟量输入的作用就是将工业现场标准的模拟量信号转换为 PLC 可以处理的数字量信号。一般需用传感器、变送器等元件把模拟量转换成标准的电信号,一般标准电流信号为 4~20 mA、0~20 mA,标准电压信号为 0~10 V、0~5 V 或 (−10)~(+10) V 等。

模拟量经过 A/D 转换后的数字量,可以用二进制 8 位、10 位、12 位、16 位或更高位来表示。位数越高,表明分辨率越高,精度也越高。一般大、中型机多为 12 位或更高,小型机多为 8 位或 12 位。

2. A/D 参数设置

FX₅ᵤ系列 PLC 可以通过 PLC 本体内置的模拟量输入通道,或通过增添模拟量输入适配器、模拟量输入扩展模块等方式,来实现将模拟量传送到 PLC。

(1) 性能规格

FX₅ᵤ系列 PLC 本体上内置了 2 路模拟量输入通道,其性能规格见表 5−1−1。

表 5−1−1　内置模拟量输入性能规格

项目		规格
模拟输入点数		2 点 (2 通道)
模拟输入	电压	DC 0~10 V (输入电阻 115.7 kΩ)
数字输出		12 位无符号二进制
软元件分配		SD6020 (通道 1 的输入数据) SD6060 (通道 2 的输入数据)
输入特性、最大分辨率	数字输出值	0~4 000
	最大分辨率	2.5 mV
精度 (相对于数字输出值满刻度的精度)	环境温度 (25±5)℃	±0.5% (±20 digit[2]) 以内
	环境温度 0~55 ℃	±1.0% (±40 digit[2]) 以内
	环境温度 −20~0 ℃[1]	±1.5% (±60 digit[2]) 以内
转换速度		30 μs/通道 (数据的更新为每个运算周期)
绝对最大输入		−0.5 V、+15 V
绝缘方式		与 CPU 模块内部为非绝缘、输入端子之间 (通道之间) 为非绝缘
输入/输出占用点数		0 点 (与 CPU 模块最大输入/输出点数无关)
①不支持 2016 年 6 月以前的产品。 ②digit 为数字值。		

FX~5U~系列 PLC 内置的模拟输入/输出点只支持 DC 0～10 V 电压规格的低压电器，模拟量扩展模块则可以支持电压、电流几种等级的低压电器。

（2）参数功能

其功能一览见表 5-1-2。

表 5-1-2　内置模拟量输入功能一览表

功能一览		内容
A/D 转换允许/禁止设置功能		可按每个通道设置 A/D 转换允许/禁止的功能。 通过将不使用的通道设置为转换禁止，可缩短转换处理的时间
A/D 转换方式	采样处理	按每个 END 处理对模拟输入进行转换，并且每次都进行数字输出的方式
	时间平均	按时间对 A/D 转换值进行平均处理，并对该平均值进行数字输出的方式
	次数平均	按次数对 A/D 转换值进行平均处理，并对该平均值进行数字输出的方式
	移动平均	对按每个 END 处理测定的指定次数的模拟输入进行平均处理，并对该平均值进行数字输出的方式
比例尺超出检测功能		检测出超出输入范围的模拟输入值的功能
比例缩放功能		可将数字值的上限值、下限值设置为任意的值，并进行缩放转换的功能
移位功能		在 A/D 转换值上加上设置的量的功能。 可轻松地进行系统启动时的微调
数字剪辑功能		当输入超出输入范围的电压时，将 A/D 转换值的最大值固定为 4 000、最小值固定为 0 的功能
最大值/最小值保持功能		保持数字运算值的最大值/最小值的功能
报警输出功能		当超过数字运算值的设置范围时，输出报警的功能
事件履历功能		收集内置模拟量中发生的错误，并将其作为事件信息存储在 CPU 模块中

（3）模拟输入用特殊寄存器

其功能表见表 5-1-3。

表 5-1-3　模拟输入用的特殊寄存器功能表

特殊寄存器		内容	R/W
CH1	CH2		
SD6020	SD6060	A/D 转换完成标志	R
SD6021	SD6061	A/D 转换允许/禁止设置	R/W

续表

特殊寄存器		内容	R/W
CH1	CH2		
SD6022	SD6062	比例尺超出检测标志	R
SD6024	SD6064	比例尺超出检测启用/禁用设置	R/W
SD6025	SD6065	最大值、最小值复位完成标志	R
SD6026	SD6066	最大值复位请求	R/W
SD6027	SD6067	最小值复位请求	R/W
SD6028	SD6068	比例缩放启用/禁用设置	R/W
SD6029	SD6069	数字剪辑启用/禁用设置	R/W
SD6031	SD6071	报警输出标志（过程报警上限）	R
SD6032	SD6072	报警输出标志（过程报警下限）	R
SD6033	SD6073	报警输出设置（过程报警）	R/W
SD6057	SD6097	A/D 转换报警清除请求	R/W
SD6058	SD6098	A/D 转换报警发生标志	R
SD6059	SD6099	A/D 转换错误发生标志	R

　　模拟输入特殊寄存器功能见表 5－1－3，R 表示 PLC 只能读取现场数据，不能给定数据。R/W 表示 PLC 可读、可给定数据。常用的特殊寄存器有 SD6020、SD6060、SD6021、SD6061。SD6020 和 SD6060 是数字量输出值，即经过采集后处理的数据，范围为 0～4 000。SD6021 和 SD6061 是数字量运算值，是通过数据剪辑功能、比例缩放功能、移位功能对数字量输出值进行了运算处理的值，如果没有设置这些功能，则数字量运算值等于数字量输出值。

　　（4）具体设置步骤

　　选择"导航"→"参数"→"FX₅ᵤ CPU"→"模块参数"→"模拟输入"，双击"模拟输入"，在图 5－1－1 所示的"基本设置"中设置对应通道的"A/D 转换运行/禁止设置功能"和"A/D 转换方式"。图中可以看出有 CH1 和 CH2 两路输入通道，需要哪一路就做相应的设置。比如使用 CH1 通道，"A/D 转换运行/禁止设置功能"只有是"允许"状态才会采样 CH1 通道的数据。"A/D 转换方式"包括采样、时间平均、次数平均和移动平均。采样是每个扫描周期读一次数据；时间平均可以设置 1～10 000 ms 之间的时间，在这个时间内对每个周期的数据进行平均值处理，作为 CH1 通道读入的数据；次数平均根据设置的次数，将每次采样的数据进行次数平均值处理，作为 CH1 通道读入的数据，一般设置奇数次，如 5 次，就是 5 个扫描周期的值取平均数；移动平均是按一个扫描周期处理模拟输入的次数进行平均，和扫描周期长短无关。一般采用的是"采样"和"次数平均"两种方式。设置好后，单击"应用"按钮。

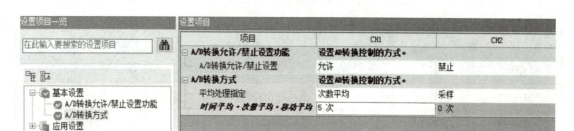

图 5 – 1 – 1　模拟输入的基本设置

双击"应用设置"，有报警输出功能、比例尺超出检测、比例缩放设置、移位功能、数字剪辑设置几项设置，如图 5 – 1 – 2 所示。

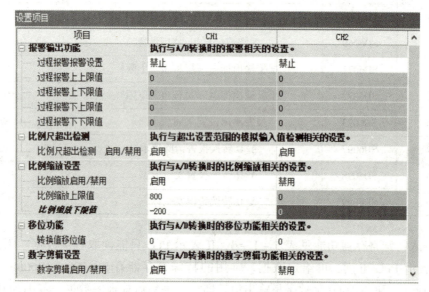

图 5 – 1 – 2　模拟输入的应用设置

其显示内容见表 5 – 1 – 4。

表 5 – 1 – 4　模拟输入应用设置显示内容

项目	内容	设置范围	默认
过程报警报警设置	设置是"允许"还是"禁止"过程报警的报警	• 允许 • 禁止	禁止
过程报警上上限值	设置数字输出值的上上限值	– 32 768 ~ + 32 767	0
过程报警上下限值	设置数字输出值的上下限值	– 32 768 ~ + 32 767	0
过程报警下上限值	设置数字输出值的下上限值	– 32 768 ~ + 32 767	0
过程报警下下限值	设置数字输出值的下下限值	– 32 768 ~ + 32 767	0
比例尺超出 检测　启用/禁用	设置是"启用"还是"禁用"比例尺超出检测	• 启用 • 禁用	启用

续表

项目	内容	设置范围	默认
比例缩放启用/禁用	设置是"启用"还是"禁用"比例缩放	• 启用 • 禁用	禁用
比例缩放上限值	设置比例缩放换算的上限值	$-32\ 768 \sim +32\ 767$	0
比例缩放下限值	设置比例缩放换算的下限值	$-32\ 768 \sim +32\ 767$	0
转换值移位值	通过移位功能设置移位的量	$-32\ 768 \sim +32\ 767$	0
数字剪辑启用/禁用	设置是"启用"还是"禁用"数字剪辑	• 启用 • 禁用	禁用

　　过程报警设置功能是经过 A/D 转换后的数值超过某限值报警的功能，如果无须用到，则不需要设置。

　　比例尺超出检测功能，一般是启用状态，如果检测范围 0~4 000 出现问题，超出检测功能，则会自动提醒。

　　比例缩放功能相当于之前介绍的模拟量的工程量值。假设使用的模拟量温度传感器的量程为 -20~80 ℃，那么可以设置比例缩放的下限值为 -20，上限值为 80。这样设置有个问题，即可能看不到温度值小数点后的变化，为了能更精准地检测温度，可以将比例缩放值乘以 10，即设置下限值为 -200，上限值为 800，这样检测值为实际值的 10 倍。假设检测值为 256，则实际值为 25.6 ℃；如果不启用此功能，则数值范围为 0~4 000。

　　转换值移位量功能指转换后的数值量多偏移一定数值，如果无须用到，则不需要设置。

　　数字剪辑功能启用后，将数据采集回来的范围固定在 0~4 000，一般启用。

　　设置好参数后下载到 CPU 中，不需要额外的编写代码就可以从软元件 SD6020 中获取模拟量转换后的数值。

3. 模拟输入信号的接线

　　FX_{5U} 本体内置的模拟量输入端子位于左侧盖板下方。

　　模拟量输入端子排列如图 5-1-3 所示，具有 2 路模拟量输入通道；输入信号为电压 0~10 V；端子编号为 V1+/V2+/V-。

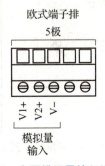

图 5-1-3　内置模拟量输入端子排列图

模拟输入端子对应功能见表 5 – 1 – 5。

表 5 – 1 – 5　模拟输入端子对应功能

信号名称	V1 +	CH1	电压输入（+）
	V2 +	CH2	电压输入（+）
	V –	CH1/CH2	电压输入（–）

如果传感器是电压型的两线传感器，则正端接 24 V 电源正极，负端接 V1 + 或 V2 +（如果接 CH1 通道，则接 V1 +，如果接 CH2 通道，则接 V2 +），V – 接 24 V 电源负极。

如果传感器是电压型的三线制，分别为电源正、负端和信号端，则电源正、负端分别接 24 V 电源的正、负端，信号端接 V1 +/V2 +，然后电源负端再接 V – 端。

如果传感器是电压型的四线制，分别是电源正、负端和信号正、负端，电源正、负端接 24 V 电源的正、负端，信号正、负端接 V1 +/V2 + 和 V – 端。

如果是电流型的传感器，则在 V1 +/V2 + 和 V – 端之间并联一个 250 Ω 或 500 Ω 的电阻，其他接线还是按照上述方法。

注意，不用的输入端将其短接起来，如 CH2 通道没有用，则将 V2 + 和 V – 端用一根导线短接。

（二）模拟量输入检测应用

1. 控制要求

利用 FX₅ᵤ 内置模拟量采集温度变送器发出的 4 ~ 20 mA 电流信号（接入通道 1），对应测量温度范围为 0 ~ 100 ℃，并将测出的温度值放到 D0 寄存器中。

2. 硬件接线图

接线如图 5 – 1 – 4 所示，温度传感器 PT100 实物如图 5 – 1 – 5 所示，将 PT100 通过温度变送器与 PLC 相连。PT100 有三根线，两根负端接到变送器的 L –，一根正端接到变送器的 L +。

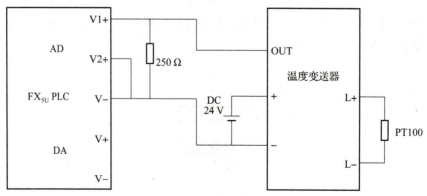

图 5 – 1 – 4　温度传感器的接线

3. 梯形图程序

温度变送器发出的 4~20 mA 电流信号乘以 250 Ω，对应电压范围是 1~5 V，对应的数值范围是 400~2 000，为了计算方便，可以将"比例缩放"功能启用，将缩放上限设置为 2 000，缩放下限设置为 0。

温度与运算值的比例关系如图 5-1-6 所示。温度检测梯形图如图 5-1-7 所示。

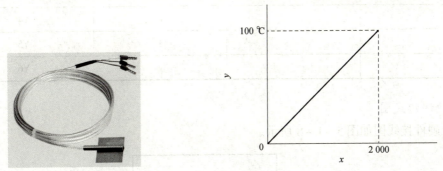

图 5-1-5　PT100 温度传感器　　　　图 5-1-6　温度与运算值的比例关系

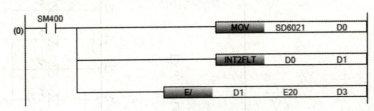

图 5-1-7　温度检测梯形图程序

应用实施

模拟量输入数码管显示控制

1. 控制要求

采用三菱 FX₅ᵤ CPU 本体的 A/D 转换模块，通过外部 0~10 V 模拟量进行检测，并实现以下功能：

通过滑动变阻器 R，调节外部模拟量输入值，并通过数码管显示当前电压整数值。即当模拟量输入值 ≥1 V 时，数码管显示 1；当模拟量输入值 ≥2 V 时，数码管显示 2……当模拟量输入值 ≥10 V 时，数码管显示 A。

2. I/O 地址分配表

I/O 地址分配表见表 5-1-6。

表 5-1-6　I/O 地址分配表

输入信号		输出信号	
名称	地址	名称	地址
		a	Y0
		b	Y1

续表

输入信号		输出信号	
名称	地址	名称	地址
		c	Y2
		d	Y3
		e	Y4
		f	Y5
		g	Y6

3. 硬件接线图

PLC 硬件接线图如图 5 – 1 – 8 所示。

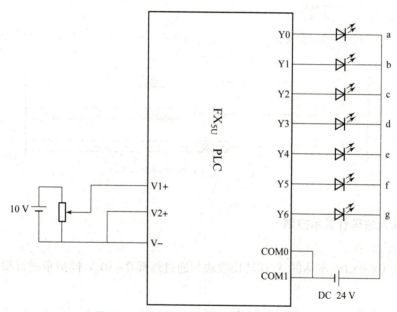

图 5 – 1 – 8　模拟量输入显示 PLC 接线图

4. 程序设计

按照图 5 – 1 – 1 所示设置 CH1 的参数即可，模拟输入应用不需要进行设置，默认模拟量数值范围是 0 ~ 4 000。

梯形图如图 5 – 1 – 9 所示。

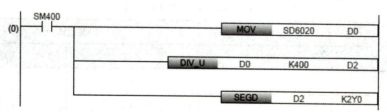

图 5 – 1 – 9　模拟量输入显示程序

DIV_U 表示无符号除法，D0 除以 400，将商存到 D2 中，余数在 D3 中。

模拟量输入数码管显示调试结果　　　　拓展训练调试结果

拓展训练

训练　模拟量输入实验

控制要求：采用三菱 FX₅ᵤ CPU 本体的 A/D 转换模块对外部 0 ~ 10 V 模拟量进行监测。

通过滑动变阻器 R，调节外部模拟量输入值，并通过 5 盏指示灯显示输入值的范围，即，当模拟量输入值 ≥ 2 V 时，HL1（Y0）点亮；当模拟量输入值 ≥ 4 V 时，HL1、HL2（Y0、Y1）点亮；当模拟量输入值 ≥ 6 V 时，HLI ~ HL3（Y0、Y1、Y2）点亮；当模拟量输入值 ≥ 8 V 时，HL1 ~ HL4（Y0、Y1、Y2、Y3）点亮；当模拟量输入值 ≥ 10 V，5 盏灯全部点亮。

小课堂

发散思维，多角度思考和探索，这样才能挖掘出比常规认识更深刻的本质特征。其特点就是突破和创新，这是创造性人才必备的素质之一。

任务二　模拟量输出控制

相关知识

模拟量输出模块是把 PLC 内部的数字量转换成模拟量输出的工作单元，简称 D/A（数/模转换）单元或 D/A 模块。

转换前的数字量可以为二进制 8 位、10 位、12 位、16 位或更高。数位越高，分辨率越高，精度也越高。转换后的模拟量都是标准电压或电流信号。

标准电流信号为 4 ~ 20 mA、0 ~ 20 mA；标准电压信号为 0 ~ 10 V、0 ~ 5 V 或（-10）~（+10）V 等。

（一）FX₅ᵤ PLC 内置模拟量输出信号介绍

1. 模拟量输出（D/A）介绍

模拟量输出单元在 PLC 的 I/O 刷新时，通过 I/O 总线接口，从总线上读出 PLC 的 I/O 继电器或内部继电器指定通道的内容，并存于自身的内存中；经光电耦合器传送到各输出电路的存储区；再分别经 D/A 转换向外输出电压或电流。

D/A 单元由光电耦合器、数模转换器 D/A 和信号驱动等环节组成。由于用了光电耦合器，其抗干扰能力也很强。结构如图 5 – 2 – 1 所示。

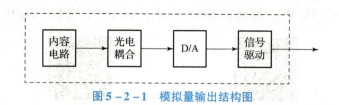

图 5 – 2 – 1　模拟量输出结构图

2. D/A 参数设置

FX$_{5U}$系列 PLC 可以通过 PLC 本体内置的模拟量输出通道，或通过增添模拟量输出适配器、模拟量输出扩展模块等方式，来实现将模拟量传送到 PLC。

（1）性能规格

FX$_{5U}$系列 PLC 本体上内置了 1 路模拟量输出通道，其性能规格见表 5 – 2 – 1。

表 5 – 2 – 1　内置模拟量输出性能规格

项目		规格
模拟输出点数		1 点（1 通道）
数字输入		12 位无符号二进制
模拟输出	电压	DC 0 ~ 10 V（外部负载电阻值 2 kΩ ~ 1 MΩ）
软元件分配		SD6180（通道 1 的输出设定数据）
输入特性、最大分辨率[1]	数字输入值	0 ~ 4 000
	最大分辨率	2.5 mV
精度[2]（相对于数字输出值满量程的精度）	环境温度（25 ±5）℃	±0.5%（±20 digit[4]）以内
	环境温度 0 ~ 55 ℃	±1.0%（±40 digit[4]）以内
	环境温度 −20 ~ 0 ℃[3]	±1.5%（±60 digit[4]）以内
转换速度		30 μs（数据的更新为每个运算周期）
绝缘方式		与 CPU 模块内部非绝缘
输入/输出占用点数		0 点（与 CPU 模块最大输入/输出点数无关）

①0 V 输出附近存在死区，相对于数字输入值，存在部分模拟量输出值未反映的区域。

②已用外部负载电阻 2 kΩ 进行了出厂调节，因此，如果比 2 kΩ 高，则输出电压会略高。1 MΩ 时，输出电压最多高出 2%。

③不支持 2016 年 6 月前的产品。

④digit 为数字值。

　　FX$_{5U}$本体自带 1 路模拟量输出，为电压 0 ~ 10 V，对应数字量 0 ~ 4 000，输出设定数据存放于 SD6180。

（2）参数功能

其功能一览表见表 5 – 2 – 2。

表 5 - 2 - 2　内置模拟量输出功能一览表

功能一览	内容
D/A 转换允许/禁止设置功能	允许设置才可以将输出的数字量转换成外部设备可接收的模拟量
D/A 输出允许/禁止设置功能	允许设置才可以允许 PLC 模拟量输出功能
比例缩放功能	是可将数字值的上限值、下限值设置为任意的值并进行缩放转换的功能
移位功能	在 D/A 转换值上加上设置的量的功能。 可轻松地进行系统启动时的微调
报警输出功能	在超过数字运算值的设置范围时，输出报警的功能
模拟量输出 HOLD/CLEAR 功能	可将 D/A 转换的数字值清除，或者保持上次值，或者设置一个固定值

（3）模拟输出用特殊寄存器

模拟输出特殊寄存器见表 5 - 2 - 3，R 表示 PLC 只能读取现场数据，不能给定数据；R/W 表示 PLC 可读、可给定数据。常用的特殊寄存器有 SD6180、SD6181、SD6182。SD6180 是数字量输出值，模拟量输出通道对应的数字值需要写入特殊寄存器 SD6180 中，通过比例缩放、移位功能对数字量输出值进行运算处理。SD6181 是数字量运算值，即经过采集后处理的数据，范围在 0 ~ 4 000 内。如果没有设置比例缩放和移位功能，数字量运算值等于数字量输出值。SD6182 为模拟输出电压监视值，该值为输出模拟电压的数值，单位为 mV。

表 5 - 2 - 3　模拟输入用的特殊寄存器功能表

特殊寄存器	内容	R/W
SD6180	数字值	R/W
SD6181	数字运算值	R
SD6182	模拟输出电压监视	R
SD6183	HOLD/CLEAR 功能设置	R/W
SD6184	HOLD 时输出设置	R/W
SD6188	比例缩放上限值	R/W
SD6189	比例缩放下限值	R/W
SD6190	输入值移位量	R/W
SD6191	报警输出上限值	R/W
SD6192	报警输出下限值	R/W
SD6218	D/A 转换最新报警代码	R
SD6219	D/A 转换最新错误代码	R

（4）具体设置步骤

选择"导航"→"参数"→"FX₅U CPU"→"模块参数"→"模拟输出"，双击"模拟输出"，在图 5-2-2 的基本设置中，设置对应通道的"D/A 转换允许/禁止设置"和"D/A 转换方式"，将"禁止"改为"允许"。

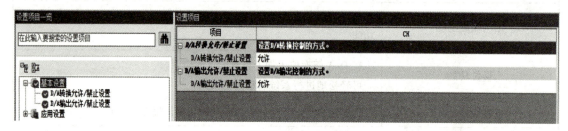

图 5-2-2　模拟输出的基本设置

双击"应用设置"，有报警输出功能、比例缩放设置、移位功能、模拟输出 HOLD/CLEAR 设置几项，如图 5-2-3 所示。

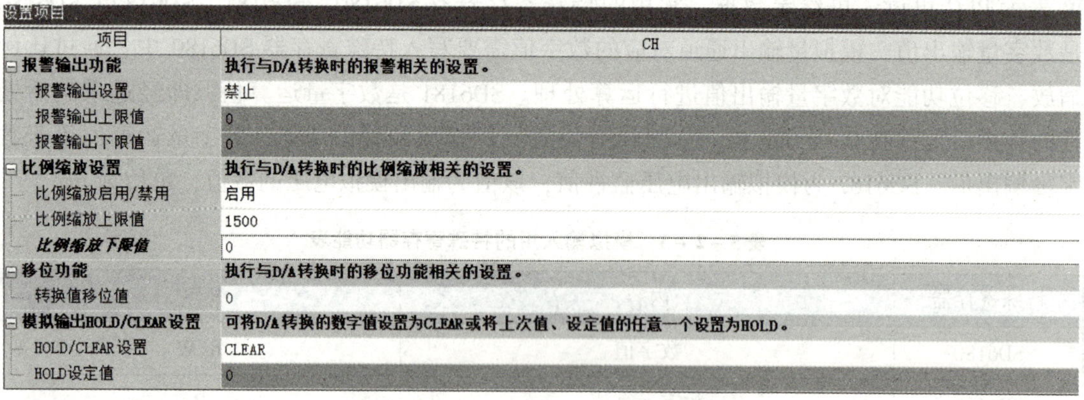

项目	CH
报警输出功能	执行与D/A转换时的报警相关的设置。
报警输出设置	禁止
报警输出上限值	0
报警输出下限值	0
比例缩放设置	执行与D/A转换时的比例缩放相关的设置。
比例缩放启用/禁用	启用
比例缩放上限值	1500
比例缩放下限值	0
移位功能	执行与D/A转换时的移位功能相关的设置。
转换值移位值	0
模拟输出HOLD/CLEAR设置	可将D/A转换的数字值设置为CLEAR或将上次值、设定值的任意一个设置为HOLD。
HOLD/CLEAR设置	CLEAR
HOLD设定值	0

图 5-2-3　模拟输出的应用设置

其显示内容见表 5-2-4。

表 5-2-4　模拟输出应用设置显示内容

项目	内容	设置范围	默认
报警输出设置	设置是"允许"还是"禁止"报警输出	• 允许 • 禁止	禁止
报警输出上限值	设置数字输出值的上限值	-32 768 ~ +32 767	0
报警输出下限值	设置数字输出值的下限值	-32 768 ~ +32 767	0

续表

项目	内容	设置范围	默认
比例缩放启用/禁用	设置是"启用"还是"禁用"比例缩放	● 启用 ● 禁用	禁用
比例缩放上限值	设置比例缩放换算的上限值	− 32 768 ~ + 32 767	0
比例缩放下限值	设置比例缩放换算的下限值	− 32 768 ~ + 32 767	0
转换值移位值	通过移位功能设置移位的值	− 32 768 ~ + 32 767	0
HOLD/CLEAR 设置	设置是"CLEAR"还是"上次值（保持）"或是"设定值"	● CLEAR ● 上次值（保持） ● HOLD	CLEAR

报警输出设置功能允许时，表示启用报警输出设置功能；无须用此功能时，则可以禁止。

比例超出检测功能，启用此功能时，如果超出检测范围 0 ~ 4 000，则会自动提醒。

比例缩放设置功能相当于之前介绍的模拟量的工程量值。假设用 PLC 控制变频器的模拟量输入，变频器的转速范围是 0 ~ 50 Hz，那么可以设置比例缩放的下限值为 0，上限值为 50，则给定的模拟量输出值 SD6180 在 0 ~ 50 之间，对应的 SD6181 自动换算成 0 ~ 4 000。设置好参数后下载到 CPU 中，不需要额外的编写代码就可以直接给定软元件 SD6180 一个频率值，可以从软元件 SD6181 中获取转换后的值。如果不启用此功能，则 SD6180 数值范围为 0 ~ 4 000。

转换值移位值功能指转换后的数值量多偏移一定数值，即在 SD6180 的基础上加设定的数值，可以是正数，也可以是负数。如果无须用到，则不需要设置。

HOLD/CLEAR 设置功能，可以选择 CLEAR、上次值（保持）和 HOLD。默认选择 CLEAR 清除，表示当 PLC 为 STOP 状态时，清除 SD6180 的值，变为 0；上次值（保持）表示当 PLC 为 STOP 状态时，SD6180 为上次的值，变为 RUN 时，仍然保持上次的值；选择 HOLD，同时设定 HOLD 的数值，设定值为多少，则当 PLC 为 STOP 状态时，SD6180 就是多少。但当 PLC 复位时，不管选择哪一种，SD6180 都变为 0。

内置模拟量输出通道如无特殊需求，在基本设置完成后即可正常使用。

3. 模拟输出信号的接线

FX₅U 本体内置的模拟量输出端子位于左侧盖板下方。

模拟量输出端子排列如图 5 - 2 - 4 所示，具有 1 路模拟量输出通道；输出信号为电压 0 ~ 10 V；端子编号为 V + /V − 。

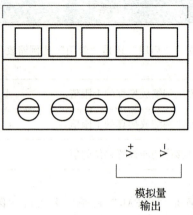

欧式端子排
5极

模拟量
输出

图 5 – 2 – 4　内置模拟量输出端子排列图

端子对应功能见表 5 – 2 – 5。

表 5 – 2 – 5　模拟输出端子对应功能

信号名称	V +	CH	电压输出（+）
	V –	CH	电压输出（–）

（二）模拟量输出检测应用

1. 控制要求

利用 FX_{5U} 内置模拟量给定 FR – E720 型变频器频率值。

2. 硬件接线图

接线如图 5 – 2 – 5 所示，将 PLC 的内置模拟量输出端 V + 与变频器 2 号端子相连，V –
与变频器 5 号端子相连。三菱 FR – E720 变频器的模拟量输入端子如图 5 – 2 – 6 所示，2 号
和 5 号为电压输入型，4 号和 5 号为电流输入型。PLC 内置的模拟量输出端为电压输出型，
故接入 2 号和 5 号端子。

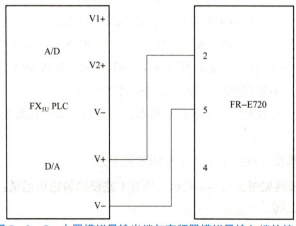

图 5 – 2 – 5　内置模拟量输出端与变频器模拟量输入端的接线

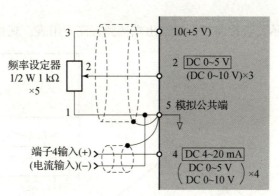

图 5 - 2 - 6　变频器模拟量输入端子图

3. 梯形图程序

首先将基本设置中的 D/A 转换和 D/A 输出允许，如果将比例缩放功能启用，上限值设为 50，下限值设为 0，则只需要给定 D0 在 0~50 之间的频率值即可。梯形图如图 5 - 2 - 7 所示。如果没有启用比例缩放功能，则给定 D0 在 0~50 之间的频率值需要进行换算再传给 SD6180。频率值为 0~50，而 SD6180 为 0~4 000，对应比例关系为将 D0 乘以 80 传给 SD6180 即可。对应的梯形图如图 5 - 2 - 8 所示。

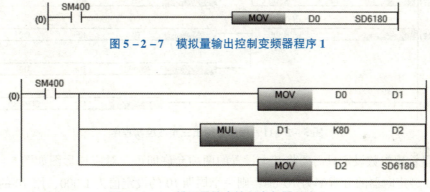

图 5 - 2 - 7　模拟量输出控制变频器程序 1

图 5 - 2 - 8　模拟量输出控制变频器程序 2

4. 观察现象

给定 D0 在 0~50 之间的任意频率值，对应变频器显示频率值，但因未设置变频器参数，故变频器不启动，可以看到显示的频率值。

如果将 V + 和 V - 或者 2 号和 5 号端子分别接到直流电压表的正、负端，则可观察对应的电压值，或者通过监视 SD6182 的值来查看电压值。D0 的值对应 0~10 V 电压值，成比例对应。

应用实施

模拟量输出三角波控制

1. 控制要求

采用三菱 FX~5U~ CPU 本体内置模拟量输出端，实现输出周期为 10 s、幅值为 10 V 的三角波，如图 5 - 2 - 9 所示。

2. 硬件接线图

如图 5 - 2 - 10 所示，直接将模拟量输出端接到直流万用表，观察万用表的数值。

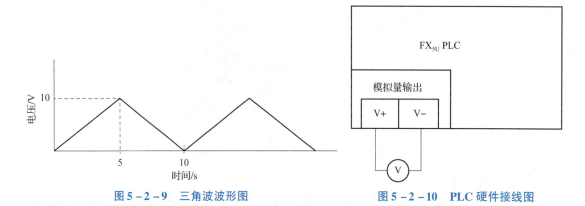

图 5 - 2 - 9　三角波波形图　　　　　图 5 - 2 - 10　PLC 硬件接线图

3. 梯形图程序

梯形图如图 5 - 2 - 11 所示。

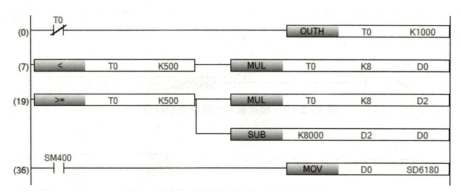

图 5 - 2 - 11　模拟量输出三角波控制程序

模拟量输出参数设定只需要将基本设置的两项允许即可，对应梯形图如图 5 - 2 - 11 所示。OUTH 型定时器的分辨率为 10 ms，则一个周期 10 的设定值为 1 000，用 T0 的常闭触点去接通 T0 线圈，实现无线循环定时功能。前 5 s，对应 T0 的值为 0 ~ 500，对应 SD6180 的数值为 0 ~ 4 000，则将 T0 数值乘以 8 给 D0，再将 D0 传给 SD6180；后 5 s，对应 T0 的值为 500 ~ 1 000，对应 SD6180 的数值为 0 ~ 4 000，则将 8 000 减去 T0 的 8 倍，得到对应的 D0 值传给 SD6180。

三角波控制调试结果　　　　　　　　拓展训练调试结果

拓展训练

训练　模拟量输出实验

控制要求：采用三菱 FX$_{5U}$ CPU 本体的 D/A 转换模块，通过电压表进行监测。

按下按钮 SB1，变频器显示 15 Hz 频率值，即电压表显示 3 V。过 3 s 后，变频器显示 25 Hz频率值，即电压表显示 5 V。再过 5 s，变频器显示 40 Hz 频率值，即电压表显示 8 V。按下按钮 SB2，变频器显示 0 Hz 频率值，即电压表显示 0 V。

小课堂

实验论证的目的：有实证意识和认真严谨的求知态度，能根据事实及时调整和优化解决方案，能团队协作，有精益求精、力求完美的工匠精神。

第三部分 FX_{5U} 系列 PLC 的综合应用

项目六

FX_{5U}系列PLC对变频器的控制

知识目标

1. 掌握 FR – E820 – E 系列变频器的常用参数意义；
2. 掌握 FR – E820 – E 系列变频器的单段速控制；
3. 掌握 FR – E820 – E 系列变频器的多段速控制；
4. 掌握 FR – E820 – E 系列变频器外部端子模式的模拟量控制方法；
5. 掌握 PLC 对 FR – E820 – E 系列变频器外部端子模式的模拟量控制方法；
6. 掌握 FR – E820 – E 系列变频器以太网模式的模拟量控制方法。

能力目标

1. 能熟练进行 5 段速的接线、参数设定、编程与调试；
2. 能熟练进行以太网模式模拟量控制的参数设定、编程与调试。

素质目标

1. 培养学生良好的思想道德修养和职业道德素养；
2. 培养学生探究技能、开拓创新的精神；
3. 培养学生吃苦耐劳、奋斗拼搏的工匠精神。

任务一 基于 PLC 的数字量方式多段速控制

相关知识

　　三菱变频器包括 FR – D700 系列紧凑型多功能变频器、FR – E700 系列经济型高性能变频器、FR – A740 高性能矢量变频器、FR – F740 系列多功能型变频调速器、FR – E800 系列最小等级的高性能变频器等。FR – E800 系列包括 E800 标准规格产品（RS – 485 通信 + 功能安全 SIL2/PLd）、E800 – E Ethernet 规格产品（Ethernet 通信 + 功能安全 SIL2/PLd）、E800 – SCE 安全通信规格产品（Ethernet 通信 + SIL3/PLe）。

（一） FR – E820 – E 系列变频器的简介

1. FR – E820 – E 系列变频器接线端子

FR – E820 – E 系列变频器的接线端子如图 6 – 1 – 1 所示。

L1、L2、L3 为三相电源，给变频器供电。有的变频器为两相电源，如 L、N、PE 或者 L1、L2。一定要看清楚供电电源等级，超过等级太多，则会烧坏变频器。

U、V、W 接三相异步电动机的首端。

DI0 和 DI1 分别为正转启动端口和反转启动端口，对应参数设置匹配；SD 和 PC 为端口公共端，如果将图 6 – 1 – 1 中的拨码开关拨到 SINK，则表示漏型逻辑，即 SD 为 DI0 和 DI1 的公共端，为电源的负极；电流方向如图 6 – 1 – 2 所示。如果将拨码开关拨到 SOURCE，则表示源型逻辑，即 PC 为 DI0 和 DI1 的公共端，为电源的正极；电流方向如图 6 – 1 – 3 所示。

10 号、2 号和 5 号组成模拟电位器，给定一个 0 ~ 5 V 可调的电压值；2 号和 5 号为模拟量输入端子，接入电压信号；4 号和 5 号为模拟量输入端子，接入电流信号。

2. FR – E820 – E 系列变频器面板介绍

三菱变频器操作面板上的功能可以划分为三个大的区域，如图 6 – 1 – 4 所示。1 是数据显示区；2 是状态指示区；3 是操作按键区。

各区域中指示灯、按键功能详细说明如下：

（1） 数据显示区 （a） （b）

（a） 三菱变频器操作面板上有一个 4 只 8 段的数码管，构成了一个显示器，可以显示变频器的功能参数 （例如参数编号、设定值）、工作状态数据 （例如频率、电压、电流等）、DI/DO 信号状态 （例如正转指令 UP、反转指令 DOWN 等）、故障报警 （例如通信异常、过电流、过热、缺相、欠电压、过电压时的报警） 等内容。（b） 标有 Hz 的指示灯用来指示变频器的运行频率；标有 A 字样的指示灯用来指示电流的大小。

（2） 状态指示区 （c） ~ （g）

三菱变频器操作面板上有 8 只发光二极管，用来指示三菱变频器的工作状态，这 8 个指示灯的作用说明如下：

MON：状态监控指示灯。如果这个灯亮，表示三菱变频器选择了状态监控操作模式。

PRM：亮时表示处于参数设定模式。

P. RUN：顺序功能有效指示灯。

RUN：运行指示灯。此灯亮，表示三菱变频器正处于运行中。

PU：本地操作模式指示灯。此灯亮，表示三菱变频器正处于 PU （本地） 操作模式，此时可以通过三菱变频器操作面板来启停变频器。

EXT：外部操作 （接线端子控制） 指示灯。此灯亮，表示三菱变频器可以通过它的接线端子来控制变频器的启动与停止。

NET：网络 （网络操作也叫远程操作） 操作指示灯。此灯亮，表示三菱变频器可以通过电脑来控制变频器的启动与停止，观察它的运行状态。

PM：控制电动机显示，一般不用。

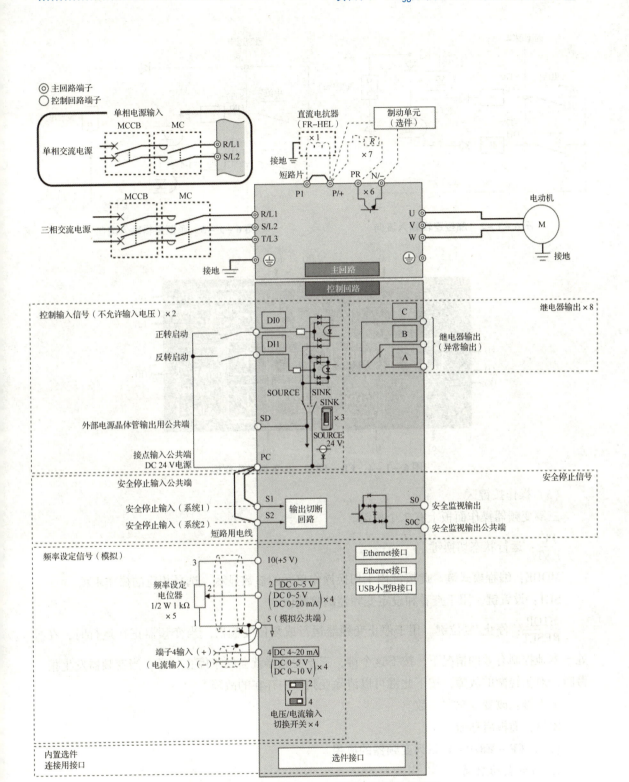

图 6 – 1 – 1　FR – E820 – E 系列变频器接线端子

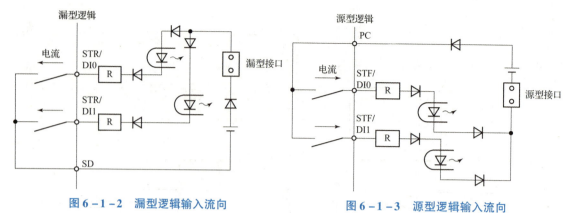

图 6 - 1 - 2　漏型逻辑输入流向　　　　　　图 6 - 1 - 3　源型逻辑输入流向

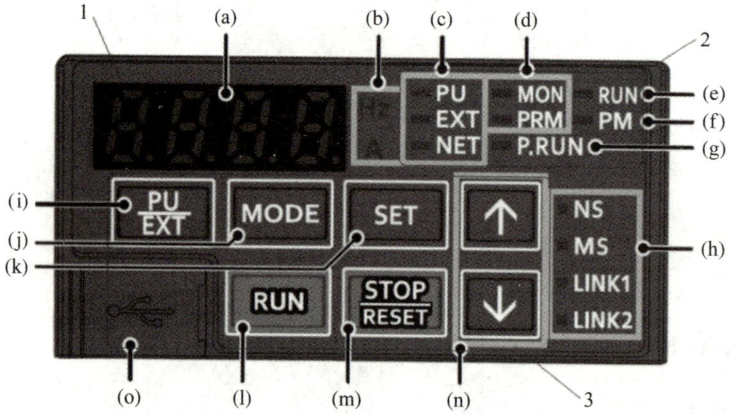

图 6 - 1 - 4　FR - E820 - E 系列操作面板

（3）操作按键区

三菱变频器操作面板上有 7 个按键。

$\dfrac{PU}{EXT}$：运行状态切换键。

MODE：编程模式键。此按键用于切换操作单元的参数显示、选择相应的操作事项。

SET：设置键。用于查看和设定变频器的参数值。

$\dfrac{STOP}{RESET}$：停止/复位键。用于停止变频器运行或复位变频器。当变频器正在运行时，在处于本地控制有效的情况下，按下这个键，三菱变频器就会处于停止状态；当变频器发生报警时，对于轻微的故障，按下此键可以清除变频器中存在的故障。

上下键：改变变频器参数。

RUN：面板启动命令。

（二）FR - E820 - E 系列变频器的应用

1. 面板点动启动

操作流程：按 $\dfrac{PU}{EXT}$ 键，直到出现 "JOG"；按 RUN 键，电动机以 5 Hz 频率运行；松开 RUN 键，电动机停止。通过 Pr.15 参数设置 JOG 模式下的频率值，必须要在 PU 模式下才能设置。

2. 面板长动启动

操作流程：按$\frac{PU}{EXT}$键，PU 显示灯亮；按下 RUN 键并松开，电动机以 30 Hz 频率长动；可按向上或向下键改变频率值，按 SET 键确认，则频率随即改变。

3. 外部端子和面板模式的正反转控制

（1）控制要求

闭合 K1，电动机以 30 Hz（默认）频率正转，可通过向上和向下键改变频率值，断开 K1，电动机停止；闭合 K2，电动机以 30 Hz（默认）频率反转，可通过向上和向下键改变频率值，断开 K2，电动机停止。

（2）硬件接线图

接线图如图 6-1-5 所示。选用漏型逻辑，SD 为 DI0 和 DI1 的公共端。

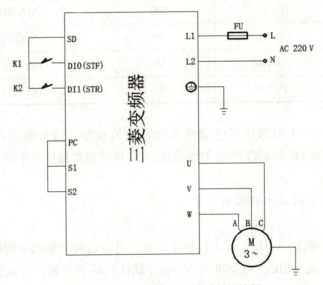

图 6-1-5 变频器正反转控制接线图

（3）变频器参数设定

①恢复出厂设置。

按$\frac{PU}{EXT}$键，进入 PU 模式；按 MODE 键，进入参数设定；按向下键，出现 ALLC；按 SET 键，按向上键，将值改为 1；按 SET 键，闪烁，设置成功；按 MODE 键，退回到参数设定界面。

②设置参数。

在 Pr. 79 为 0，即 PU 模式下设置表 6-1-1 所列的参数。

表 6-1-1 外部端子和面板模式正反转控制参数

序号	变频器参数	设定值	功能说明
1	Pr. 1	50	上限频率
2	Pr. 2	0	下限频率

序号	变频器参数	设定值	功能说明
3	Pr. 3	50	基准频率（标准频率）
4	Pr. 7	1	加速时间
5	Pr. 8	1	减速时间
6	Pr. 9	0.2	电子过热保护
7	Pr. 71	3	适用电动机
8	Pr. 80	0.1	电动机容量
9	Pr. 81	4	电动机级数
10	Pr. 83	380	电动机额定电压
11	Pr. 84	50	电动机额定频率
12	Pr. 178	60	DI0 端子正转功能
13	Pr. 179	61	DI1 端子反转功能

其中，Pr. 80 ~ Pr. 84 根据控制电动机实际额定值设置。所有参数设置完成后，再将 Pr. 79 设置成 3，设置 PU 和 EXT 混合工作模式。PU 模式负责提供频率值，EXT 模式负责外部端子启动变频器。

4. PLC 对变频器的正反转控制

（1）控制要求

按下 SB1，电动机以 30 Hz（默认）频率正转，可通过向上和向下键改变频率值，按下 SB3，电动机停止；按下 SB2，电动机以 30 Hz（默认）频率反转，可通过向上和向下键改变频率值，按下 SB3，电动机停止。

（2）I/O 地址分配

I/O 地址分配见表 6 – 1 – 2。

表 6 – 1 – 2 I/O 地址分配表

输入信号		输出信号	
名称	地址	名称	地址
SB1	X0	DI0	Y0
SB2	X1	DI1	Y1
SB3	X2		

（3）硬件接线图

接线图如图 6 – 1 – 6 所示。选用漏型逻辑，SD 为 DI0 和 DI1 的公共端，负极。将 SD 与

COM0 相接，给 PLC 的 COM0 提供 24 V 的负极电源，而 COM0 为 Y0 和 Y1 公共端，Y0 和 Y1 分别与 DI0 和 DI1 连接，DI0 和 DI1 内部与 24 V 电源的正极相接，形成一个回路。

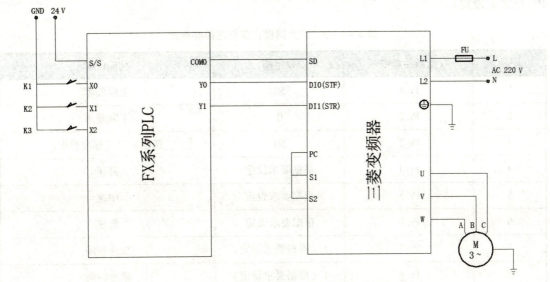

图 6-1-6　PLC 对变频器的正反转控制接线图

（4）变频器参数设定

同 "3. 外部端子和面板模式的正反转控制"。

（5）程序设计

梯形图如图 6-1-7 所示。按下 X0，Y0 接通，正转，Y0 通时不能接通 Y1；按下 X2，Y0 或者 Y1 断开，停止；按下 X1，Y1 接通，反转，Y1 通时不能接通 Y0。

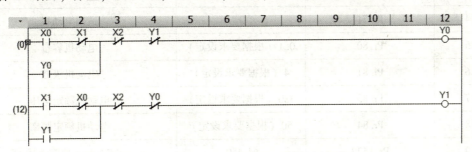

图 6-1-7　PLC 对变频器正反转控制程序

5. 以太网模式多段速控制介绍

（1）接线图

只需要接电源和电动机，参照图 6-1-5，此图省略。

（2）变频器参数设定

①恢复出厂设置。

按 $\dfrac{PU}{EXT}$ 键，进入 PU 模式；按 MODE 键，进入参数设定；按向下键，出现 ALLC；按 SET 键，按向上键，将值改为 1；按 SET 键，闪烁，设置成功；按 MODE 键，退回到参数设定界面。

②设置参数。

在 Pr. 79 为 0，即 PU 模式下设置表 6 - 1 - 3 所列的参数（其中，Pr. 1 ～ Pr. 84 必须在 PU 模式下设置）。

表 6 - 1 - 3   以太网模式多段速控制参数

序号	变频器参数	设定值	功能说明
1	Pr. 1	50	上限频率
2	Pr. 2	0	下限频率
3	Pr. 3	50	基准频率（标准频率）
4	Pr. 4	根据要求设定	高速
5	Pr. 5	根据要求设定	中速
6	Pr. 6	根据要求设定	低速
7	Pr. 7	1（根据要求设定）	加速时间
8	Pr. 8	1（根据要求设定）	减速时间
9	Pr. 9	0.2（根据要求设定）	电子过热保护
10	Pr. 24	根据要求设定	第四段速
11	Pr. 25	根据要求设定	第五段速
12	Pr. 26	根据要求设定	第六段速
13	Pr. 27	根据要求设定	第七段速
14	Pr. 71	3	适用电动机
15	Pr. 80	0.1（根据要求设定）	电动机容量
16	Pr. 81	4（根据要求设定）	电动机级数
17	Pr. 83	380（根据要求设定）	电动机额定电压
18	Pr. 84	50（根据要求设定）	电动机额定频率
19	Pr. 1429	61 450	Ethernet 功能选择
20	Pr. 1434	192（根据要求设定）	IP 地址 1
21	Pr. 1435	168（根据要求设定）	IP 地址 2
22	Pr. 1436	3（根据要求设定）	IP 地址 3
23	Pr. 1437	1（根据要求设定）	IP 地址 4
24	Pr. 1438	255	子网掩码 1
25	Pr. 1439	255	子网掩码 2
26	Pr. 1440	255（根据要求设定）	子网掩码 3

续表

序号	变频器参数	设定值	功能说明
27	Pr. 1441	0	子网掩码 4
28	Pr. 1449	192	Ethernet 操作权指定 IP 地址 1
29	Pr. 1450	168	Ethernet 操作权指定 IP 地址 2
30	Pr. 1451	0	Ethernet 操作权指定 IP 地址 3
31	Pr. 1452	0	Ethernet 操作权指定 IP 地址 4
32	Pr. 1453	255	Ethernet 操作权指定 IP 地址 3 范围指定
33	Pr. 1454	255	Ethernet 操作权指定 IP 地址 4 范围指定

Pr. 1434 ~ Pr. 1437 与 PLC 中加入的 CC – Link IFF Basic 设备 IP 对应（本任务应用实施中详细讲解）。

所有参数设置完成后，再将 Pr. 79 设置成 2，选择 NET 模式。如果模式设定完成后没有切换，则需要重新上电变频器。

应用实施

五段速控制

1. 控制要求

第一次按下 SB1，M 电动机以 15 Hz 正转启动；第二次按下 SB1，M 电动机以 30 Hz 反转运行；第三次按下 SB1，M 电动机以 20 Hz 正转运行；第四次按下 SB1，M 电动机以 40 Hz 正转运行；第五次按下 SB1，M 电动机以 50 Hz 正转运行；按下停止按钮 SB2，M 停止。

2. I/O 地址分配表

I/O 地址分配表见表 6 – 1 – 4。

表 6 – 1 – 4　I/O 地址分配表

输入信号		输出信号	
名称	地址	名称	地址
SB1	X0		
SB2	X1		

3. PLC 硬件接线图

PLC 硬件接线图如图 6 – 1 – 8 所示。

4. PLC 参数设置

在"在线"→"当前连接目标"中，单击"其他连接方式"→"CPU 模块"→"经由集线器连接"→"搜索"，双击搜索出的 IP 地址，则自动将 IP 地址加入。

进入"导航"→"参数"→"FX_{5U} CPU"→"以太网端口"设置界面，如图 6 – 1 – 9

所示。输入 PLC 新分配的 IP 地址，可以选择以前的地址，将搜索出的 IP 输入，也可以指定 IP 输入。例如，原 IP 为 192.168.3.250，不改变 IP 地址，则输入同样的地址。子网掩码为 255.255.255.0 表示与 PLC 通信的设备前三位 IP 一样，后一位 IP 不一样。

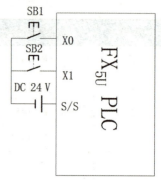

图 6-1-8 5 段速控制硬件接线图

将 CC-Link IFF Basic 设置中的 "CC-Link IFF Basic 使用有无" 选择 "使用"，双击 "网络配置设置"，拖入一个 "CC-Link IFF Basic 连接设备"，默认 IP 为 193.168.3.1，可进行修改，但需要和 PLC 的 IP 前三位地址一致。在此不做修改，就设置为默认 IP，如图 6-1-10 所示。

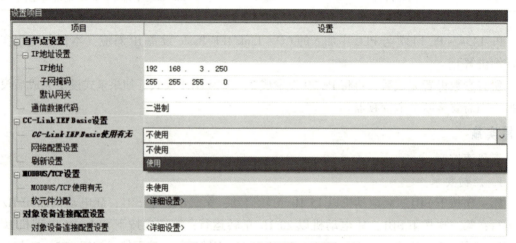

图 6-1-9 以太网端口设置

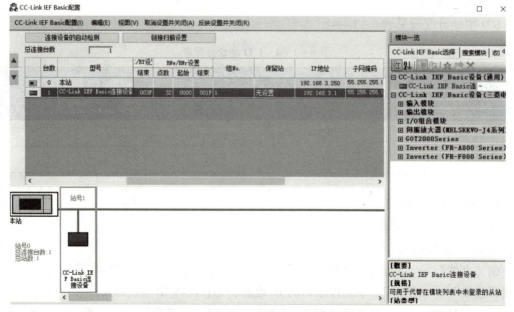

图 6-1-10 CC-Link IFF Basic 配置

设置好后，关闭当前界面，弹出"设置已更新，是否保持"对话框，单击"是"按钮。双击"刷新设置"，刷新目标都选择"指定软元件"，RX 和 RWr 为只读类型，每一位或每一个字表示特定的显示功能；RY 和 RWw 则为读写类型，通过对应的位或者字的设置来控制变频器的运行情况。起始地址从 100 开始，将前面的地址留给 PLC 使用，虚拟地址（不接实际设备）选用较大的地址，如图 6-1-11 所示。

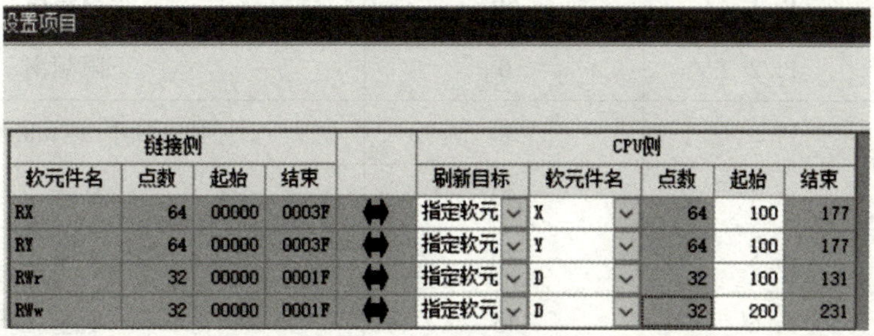

图 6-1-11　刷新设置

对应常用的位或字的用法见表 6-1-5。

表 6-1-5　常用地址功能

地址	功能	备注
Y100	正转指令	
Y101	反转指令	
Y102	高速运行指令	
Y103	中速运行指令	
Y104	低速运行指令	
Y105	JOG 运行指令	
Y111	输出停止（急停）	
Y115	频率设定指令	存入 RAM 中，无掉电保持功能
Y116	频率设定指令	存入 ROM 中，带掉电保持功能
D201	设定频率值	

根据起始地址不同，对应表 6-1-5 中的功能地址不一样，例如，RY 软元件起始地址是 Y50，则对应功能地址从 Y50 开始，如果 RY 软元件选取的是 D50 字的表示方式，则对应功能从 D50 开始。同样，RWw 软元件名起始地址如果不是 D200，假设是 D300，则 D301 表示设定频率值。

如果用多段速控制，则不需要使用 D201 进行频率设置，通过 Y102、Y103 和 Y104 的组合方式实现。通过 D201 赋值，则需要接通 Y115 或 Y116。Y115 和 Y116 表示将频率值写入。

5. 变频器参数设定

变频器参数见表 6 – 1 – 6。

表 6 – 1 – 6　5 段速控制参数

序号	变频器参数	设定值	功能说明
1	Pr. 1	50	上限频率
2	Pr. 2	0	下限频率
3	Pr. 3	50	基准频率（标准频率）
4	Pr. 4	40	高速
5	Pr. 5	30	中速
6	Pr. 6	15	低速
7	Pr. 7	1	加速时间
8	Pr. 8	1	减速时间
9	Pr. 9	0. 2	电子过热保护
10	Pr. 24	20	第四段速
11	Pr. 25	50	第五段速
12	Pr. 71	3	适用电动机
13	Pr. 80	0. 1	电动机容量
14	Pr. 81	4	电动机级数
15	Pr. 83	380	电动机额定电压
16	Pr. 84	50	电动机额定频率
17	Pr. 1429	61 450	Ethernet 功能选择
18	Pr. 1434	192	IP 地址 1
19	Pr. 1435	168	IP 地址 2
20	Pr. 1436	3	IP 地址 3
21	Pr. 1437	1	IP 地址 4
22	Pr. 1438	255	子网掩码 1
23	Pr. 1439	255	子网掩码 2
24	Pr. 1440	255	子网掩码 3
25	Pr. 1441	0	子网掩码 4
26	Pr. 1449	192	Ethernet 操作权指定 IP 地址 1

序号	变频器参数	设定值	功能说明
27	Pr. 1450	168	Ethernet 操作权指定 IP 地址 2
28	Pr. 1451	0	Ethernet 操作权指定 IP 地址 3
29	Pr. 1452	0	Ethernet 操作权指定 IP 地址 4
30	Pr. 1453	255	Ethernet 操作权指定 IP 地址 3 范围指定
31	Pr. 1454	255	Ethernet 操作权指定 IP 地址 4 范围指定

先将所有参数复位，然后在 PU 模式下设置参数，设置完成后，将 Pr. 79 设置成 2，NET 模式。

6. 软元件与多段速对应关系

七段速度与 Y102、Y103、Y104 的对应关系见表 6 – 1 – 7。

表 6 – 1 – 7　七段速对应软元件状态关系表

Y102	Y103	Y104	对应频率参数	本任务对应频率/Hz
0	0	1	Pr. 6 低速	15
0	1	0	Pr. 5 中速	30
1	0	0	Pr. 4 高速	40
0	1	1	Pr. 24 第四段速	20
1	0	1	Pr. 25 第五段速	50
1	1	0	Pr. 26 第六段速	
1	1	1	Pr. 27 第七段速	

此任务只有五段速，将频率值设置好后，用前五段速即可。

7. 程序设计

梯形图如图 6 – 1 – 12 所示。每按下 SB1，对应 D0 加 1。根据表 6 – 1 – 11，列出 D0 与输出的关系：D0 为 1 时，接通 Y104，D0 为 2 时，接通 Y103；D0 为 3 时，接通 Y104 和 Y103；D0 为 4 时，接通 Y102；D0 为 5 时，接通 Y102 和 Y104；D0 为 2 时，接通反转，将 Y101 接通，其他将 Y100 接通。按下 SB2，即 X1 接通时，将 D0 复位，电动机停止。

拓展训练

训练　用以太网模式进行多段速控制

控制要求：按下 SB1，电动机 M 以 10 Hz 频率正转启动；过 3 s 后，以 15 Hz 频率反转；过 2 s 后，以 20 Hz 频率正转；过 3 s 后，以 30 Hz 频率反转；过 4 s 后，以 35 Hz 频率正转；过 2 s 后，以 40 Hz 频率正转；过 3 s 后，电动机停止。中途按下 SB2，电动机停止，再按 SB1，电动机以 10 Hz 重新启动。

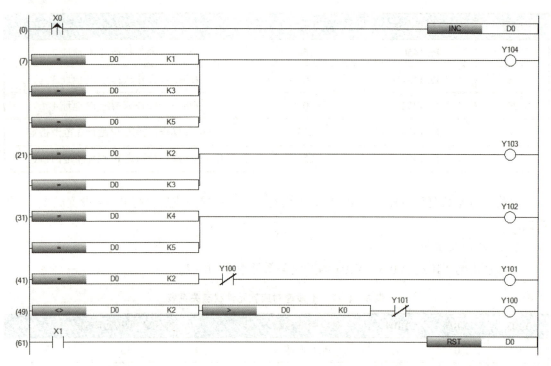

图 6 - 1 - 12　多段速控制程序

多段速控制调试结果

拓展训练调试结果

小课堂

变频调速是电气自动化技术领域的一项重要技术，应用高达 32 个工业领域，变频调速技术是必修的一门技术。

任务二　基于 PLC 的模拟量方式变频调速控制

相关知识

三菱变频器 FR - E800 - E Ethernet 规格产品的控制包括面板控制、正反转单速控制、外部端子模拟量控制、以太网模式多段速控制及以太网模式模拟量控制几种常用方式。

（一）FR - E820 - E 系列变频器的外部端子模拟量控制

1. 外部端子模式的模拟量控制

（1）控制要求

闭合 K1，通过旋转电位器改变 2 号和 5 号端子之间的电压值，频率随之改变，电动机正转；闭合 K2，通过旋转电位器改变 2 号和 5 号端子之间的电压值，频率随之改变，电动机反转。

（2）硬件接线图

接线图如图 6－2－1 所示。选用漏型逻辑，SD 为 DI0 和 DI1 的公共端。

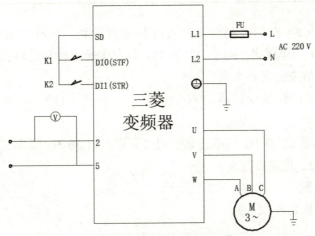

图 6－2－1　变频器模拟量控制接线图

（3）变频器参数设定

①恢复出厂设置。

②设置参数。

在 Pr. 79 为 0，即 PU 模式下设置表 6－2－1 所列的参数。

表 6－2－1　外部端子模式模拟量控制参数

序号	变频器参数	设定值	功能说明
1	Pr. 1	50	上限频率
2	Pr. 2	0	下限频率
3	Pr. 3	50	基准频率（标准频率）
4	Pr. 7	1	加速时间
5	Pr. 8	1	减速时间
6	Pr. 9	0.2	电子过热保护
7	Pr. 71	3	适用电动机
8	Pr. 73	0	模拟量输入选择
9	Pr. 80	0.1	电动机容量
10	Pr. 81	4	电动机级数
11	Pr. 83	380	电动机额定电压
12	Pr. 84	50	电动机额定频率

续表

序号	变频器参数	设定值	功能说明
13	Pr. 178	60	DI0 端子正转功能
14	Pr. 179	61	DI1 端子反转功能

其中，Pr. 80 ~ Pr. 84 根据控制电动机实际额定值设置。所有参数设置完成后，再将 Pr. 79 设置成 7，EXT 工作模式。端子 DI0 和 DI1 负责接通正转和反转，通过加载到 2 号和 5 号端子之间的电压值来给定频率值。

2. PLC 对变频器的模拟量控制

（1）控制要求

按下 SB1，电动机以 20 Hz 频率正转；过 2 s 后，以 30 Hz 频率正转；过 3 s 后，以 40 Hz 反转。按下 SB2，电动机停止。

（2）I/O 地址分配

I/O 地址分配表见表 6 – 2 – 2。

表 6 – 2 – 2　I/O 地址分配表

输入信号		输出信号	
名称	地址	名称	地址
SB1	X0	DI0	Y0
SB2	X1	DI1	Y1

（3）硬件接线图

接线图如图 6 – 2 – 2 所示。

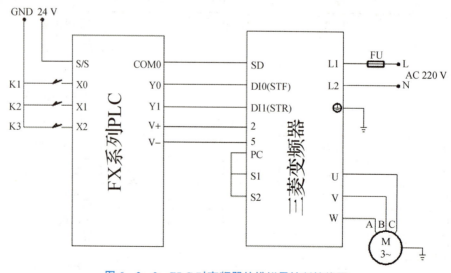

图 6 – 2 – 2　PLC 对变频器的模拟量控制接线图

（4）变频器参数设定

同"1. 外部端子模式的模拟量控制"。

（5）PLC 参数设置

双击导航下的"模拟输出"，在基本设置中将 D/A 转换和 D/A 输出设置成"允许"，在应用设置中将"比例缩放"功能启用，将上限设置为 50，下限为 0。

（6）程序设计

梯形图如图 6 - 2 - 3 所示，按下 X0，M0 接通，保持接通，同时开始计时 5 s。前 2 s 以 20 Hz 频率正转运行，再以 30 Hz 频率正转运行 3 s，然后以 40 Hz 频率反转运行。按下 X1 时，T0 复位，电动机停止运行。

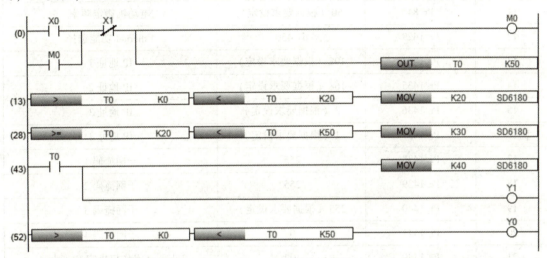

图 6 - 2 - 3　PLC 对变频器模拟量控制程序

3. 以太网模式模拟量控制基础

（1）接线图

只需要接电源、电动机。

（2）变频器参数设定

①恢复出厂设置。

②设置参数。

在 Pr. 79 为 0，即 PU 模式下设置表 6 - 2 - 3 所列的参数（其中 Pr. 1 ～ Pr. 84 必须在 PU 模式下设置）。

表 6 - 2 - 3　以太网模式模拟量控制参数

序号	变频器参数	设定值	功能说明
1	Pr. 1	50	上限频率
2	Pr. 2	0	下限频率
3	Pr. 3	50	基准频率（标准频率）
4	Pr. 7	1（根据要求设定）	加速时间

序号	变频器参数	设定值	功能说明
5	Pr. 8	1（根据要求设定）	减速时间
6	Pr. 9	0. 2（根据要求设定）	电子过热保护
7	Pr. 71	3	适用电动机
8	Pr. 80	0. 1（根据要求设定）	电动机容量
9	Pr. 81	4（根据要求设定）	电动机级数
10	Pr. 83	380（根据要求设定）	电动机额定电压
11	Pr. 84	50（根据要求设定）	电动机额定频率
12	Pr. 1429	61 450	Ethernet 功能选择
13	Pr. 1434	192（根据要求设定）	IP 地址 1
14	Pr. 1435	168（根据要求设定）	IP 地址 2
15	Pr. 1436	3（根据要求设定）	IP 地址 3
16	Pr. 1437	1（根据要求设定）	IP 地址 4
17	Pr. 1438	255	子网掩码 1
18	Pr. 1439	255	子网掩码 2
19	Pr. 1440	255（根据要求设定）	子网掩码 3
20	Pr. 1441	0	子网掩码 4
21	Pr. 1449	192	Ethernet 操作权指定 IP 地址 1
22	Pr. 1450	168	Ethernet 操作权指定 IP 地址 2
23	Pr. 1451	0	Ethernet 操作权指定 IP 地址 3
24	Pr. 1452	0	Ethernet 操作权指定 IP 地址 4
25	Pr. 1453	255	Ethernet 操作权指定 IP 地址 3 范围指定
26	Pr. 1454	255	Ethernet 操作权指定 IP 地址 4 范围指定

Pr. 1434 ~ Pr. 1437 与 PLC 中加入的 CC – Link IFF Basic 设备 IP 对应。

所有参数设置完成后，再将 Pr. 79 设置成 2，选择 NET 模式。如果模式设定完后没有切换到 NET 模式，则需要重新上电变频器。

应用实施

以太网模式模拟量控制

1. 控制要求

按下 SB1，M 电动机以 5 Hz 正转启动，每隔 3 s 频率加 5 Hz 正转运行，依次为 10 Hz、15 Hz、20 Hz、…、50 Hz，运行频率达到 50 Hz 后，电动机 M 运行 5 s 停止，运行中按下停止按钮 SB2，M 立即停止。

2. I/O 地址分配表

I/O 地址分配表见表 6 – 2 – 4。

表 6 – 2 – 4　I/O 地址分配表

输入信号		输出信号	
名称	地址	名称	地址
SB1	X0		
SB2	X1		

3. PLC 硬件接线图

PLC 硬件接线图如图 6 – 2 – 4 所示。

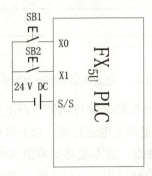

图 6 – 2 – 4　以太网模式模拟量控制硬件接线图

4. PLC 参数设置

在"在线"→"当前连接目标"中，单击"其他连接方式"→"CPU 模块"→"经由集线器连接"→"搜索"，双击搜索出的 IP 地址，则自动将 IP 地址加入。

打开"以太网端口"设置界面，如任务一中的图 6 – 1 – 9 和图 6 – 1 – 10 所示，进行同样的设置。

5. 变频器参数设定

同前面例子一致，先将所有参数复位，然后在 PU 模式下按表 6 – 2 – 3 设置参数，完成后将 Pr. 79 设置成 2，NET 模式。

6. 程序设计

梯形图程序如图 6 – 2 – 5 所示。按下 X0 时，接通 M0 并保持接通，同时定时 3 s 并反复循环计时，将 500 赋给 D201（D201 的数值和频率值刚好是 100 的倍数关系，即 D201 为 500 时，对应频率值为 5 Hz）；D0 为 3 s 定时的次数，在 D201 没有达到 5 000 时，每隔 3 s 将 D0 计时次数乘以 5 Hz，再加上 5 Hz 赋给 D201，即为当前频率。运行期间将 Y100 正转线圈和 Y115 频率数值写入线圈接通。

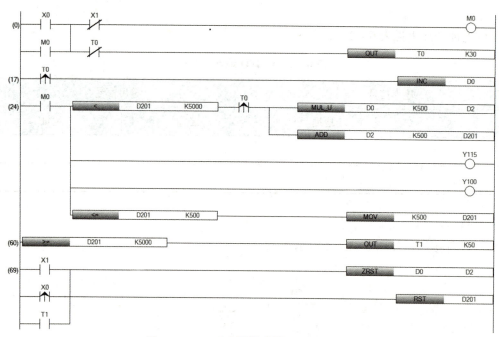

图 6 - 2 - 5   以太网模式模拟量控制程序

Y115 和 Y116 的区别：Y115 没有断电保持功能，断电后重新启动，不记录上次的频率值，而如果将 Y116 接通，则掉电重新上电运行时，以上次最后写入的频率值运行。Y116 上升沿触发，如果处于一直接通过状态，则不能将频率值实时更新写入，即如果用 Y116，每次 D201 变化时，都要重新接通 Y116，而 Y115 只要一直处于接通状态，就可以将改变的 D201 的数值实时写入。

以太网模式模拟量控制调试结果

拓展训练调试结果

拓展训练

训练   用以太网模式进行模拟量控制

用以太网模式进行模拟量控制，实现如下要求：按下 SB1，电动机 M 以 10 Hz 频率正转启动，过 3 s 后，以 15 Hz 频率反转；过 2 s 后，以 20 Hz 频率正转；过 3 s 后，以 30 Hz 频率反转；过 4 s 后，以 35 Hz 频率正转；过 2 s 后，以 40 Hz 频率正转；过 3 s 后，电动机停止。中途按下 SB2，电动机停止，再按 SB1，电动机以 10 Hz 重新启动。M 调试时，指示灯 HL 以 0.5 Hz 频率运行。

小课堂

思考习惯的养成不是一蹴而就的，而是逐步积累的。

项目七

FX₅U系列PLC对MELSERVO-JE系列伺服的控制

知识目标

1. 掌握 FX₅U 系列 PLC 的子程序调用方法；
2. 掌握 FX₅U 系列 PLC 的子程序嵌套调用的方法；
3. 掌握 FX₅U 系列 PLC 对 MELSERVO－JE－A 系列伺服电动机的运动控制；
4. 掌握 FX₅U 系列 PLC 对 MELSERVO－JE－A 系列伺服电动机的回原点控制方法；
5. 掌握 FX₅U 系列简单运动模块对 MELSERVO－JE－B 系列伺服电动机的控制；
6. 掌握简单运动模块对 MELSERVO－JE－B 系列伺服电动机的回原点控制方法。

能力目标

1. 能使用 FX₅U 系列 PLC 的子程序调用方法对彩灯控制进行编程与调试；
2. 能熟练进行 MELSERVO－JE－A 系列伺服电动机的接线；
3. 能熟练进行 MELSERVO－JE－B 系列伺服电动机的接线。

素质目标

1. 培养学生爱国、敬业和良好的团队合作精神；
2. 培养良好的用电安全意识和知识；
3. 培养学生勇于挑战、接收新知识的钻研精神。

任务一　FX₅U 系列 PLC 子程序的应用

相关知识

　　子程序在结构化程序设计中是一种方便、有效的工具，常用于需要多次反复执行相同任务的地方，只需要写一次子程序，在需要执行子程序的动作时调用它。

　　子程序的调用是有条件的，未调用它时，不会执行子程序中的指令，因此使用子程序可以减少扫描时间。在编写复杂的 PLC 程序时，最好把全部控制功能划分为几个符合工艺控制规律的子功能块，每个子功能块由一个或多个子程序组成。子程序使程序结构简单清晰，易于调试、查错和维护。

（一）常用子程序指令

1. 常用子程序指令及功能

表7–1–1为常用子程序的指令。

表7–1–1　常用子程序指令

分类	指令类别	指令说明
常用子程序指令	CALL（P）	子程序调用
	RET/SRET	子程序返回
	FEND	主程序结束

2. 子程序的概念

整个自动化系统的设计过程由很多个工序或很多个功能来组成。将这些功能单独打包封装，在需要其中的一个或多个功能时，再进行调用。

3. 程序的编写框架

按照图7–1–1中的四步来编写程序，首先初始化，然后编写停机程序，再编写主程序，满足条件则对子程序进行调用，最后编写子程序。主程序调用指令为 CALL（P），主程序结束指令为 FEND。每个子程序编写完成后，需要加 RET 子程序返回指令。

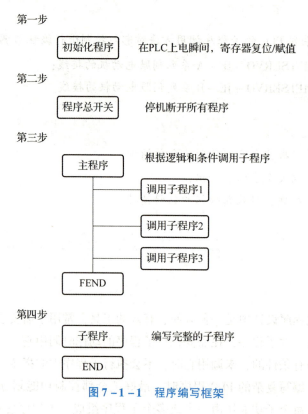

图7–1–1　程序编写框架

4. 子程序执行方式

子程序嵌套调用，子程序 1 调用子程序 2，子程序 2 调用子程序 3，则程序执行过程如图 7 - 1 - 2 所示的数字顺序执行。对于子程序 3，如果中间有满足某条件返回指令，则第⑧步和第⑨步程序不执行，直接跳到第⑩步程序。

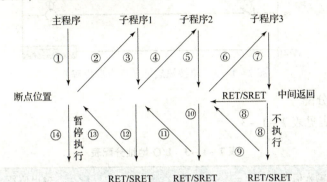

图 7 - 1 - 2　子程序嵌套执行方式

主程序可调用 2 048 个子程序，子程序地址为 P0 ~ P2047。嵌套深度最大 16 层。

(二) 子程序的应用

1. 单按钮启停控制

(1) 控制要求

按下 SB，电动机 M 运行；再按下 SB，电动机 M 停止。

(2) I/O 地址分配

I/O 地址分配表见表 7 - 1 - 2。

表 7 - 1 - 2　I/O 地址分配表

输入信号		输出信号	
名称	地址	名称	地址
SB	X0	KM	Y0

(3) 程序设计

程序如图 7 - 1 - 3 所示，当按下 SB，即 X0 接通时，调用一次 P0 子程序。Y0 常闭触点通，故 Y0 线圈通，KM 接触器得电，电动机运行。跳出子程序 P0 后，因主程序按下一次 SB 时，只调用一次 P0，则第二个扫描周期时，P0 不被调用，即不执行，Y0 保持接通状态。第二次按下 SB 时，又调用一次 P0，此时 Y0 的常闭触点断开，故 Y0 线圈断开，下个扫描周期 P0 不被调用，Y0 保持断开状态，电动机停止。

2. 彩灯顺序/逆序点亮控制

(1) 控制要求

闭合 K1 时，8 盏灯按照顺序点亮方式每间隔 2 s 逐个点亮并循环；闭合 K2 时，8 盏灯按照逆序点亮方式每间隔 2 s 逐个点亮并循环；闭合 K3 时，8 盏灯以全亮 1 s 全灭 1 s 的周期交替点亮；闭合 K4，8 盏灯灭。

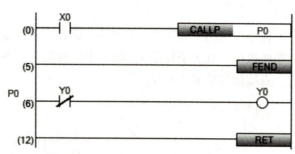

图 7 – 1 – 3　单按钮启停子程序调用程序

（2）I/O 地址分配

I/O 地址分配表见表 7 – 1 – 3。

表 7 – 1 – 3　I/O 地址分配表

输入信号		输出信号	
名称	地址	名称	地址
K1	X0	HL1	Y0
K2	X1	HL2	Y1
K3	X2	HL3	Y2
K4	X3	HL4	Y3
		HL5	Y4
		HL6	Y5
		HL7	Y6
		HL8	Y7

（3）程序设计

如图 7 – 1 – 4 所示，闭合 X0 或 X1 时，都调用子程序 P0；X0 接通时，将 1 赋给 K2Y0，实现顺序点亮，X1 接通时，将 2#10000000 赋给 K2Y0，实现逆序点亮；闭合 X2 时，调用 P0，X2 接通时，实现交替闪烁功能；闭合 X3 时，调用 P4，X3 接通时，实现所有灯熄灭功能。

P0 子程序实现 2 s 的循环定时，得到 T0 常开触点为每 2 s 导通一个扫描周期的脉冲信号。对于 P0 的定时功能，在按下 X0、X1 和 X2 时都要用到，故都调用了 P0。另外，再分别调用 P1、P2、P3 实现顺序点亮、逆序点亮和交替闪烁功能。P1 子程序实现的功能是，当 X0 接通时，每隔 2 s 调用一次左循环移位指令，此处用 ROL 和 ROLP 效果一样，因为 T0 本身就是脉冲信号；P2 子程序实现的功能是当 X1 接通时，每隔 2 s 调用一次右循环移位指令，此处用 ROR 和 RORP 效果一样；P3 子程序实现的功能是当 X2 接通时，前 1 s 将 H0FF 赋给 K2Y0，即将 Y0～Y7 都给 1 信号，全部点亮，后 1 s 将 H0 赋给 K2Y0，即将 Y0～Y7 都给 0 信号，全部熄灭；P4 子程序实现的功能是 X3 接通时，将 0 赋给 K2Y0，全部熄灭。

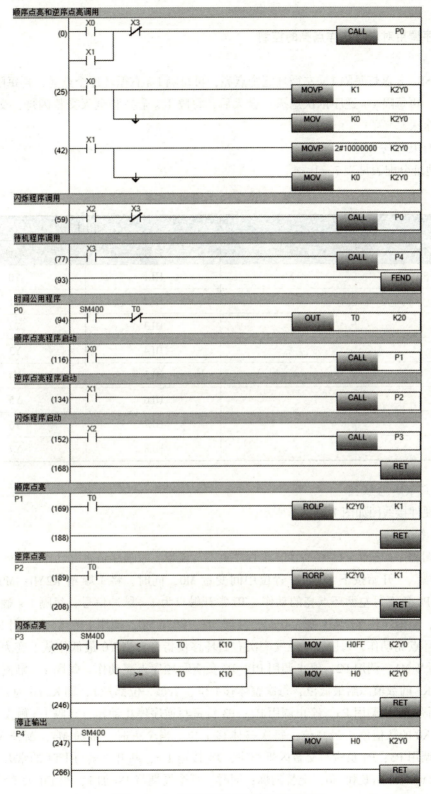

图 7 − 1 − 4　顺序/逆序点亮彩灯控制程序

应用实施

子程序调用对彩灯花样点亮的控制

1. 控制要求

按下 SB，8 盏灯每隔 1 s 左循环逐个点亮，再每隔 1 s 右循环逐个点亮，再每隔 1 s 顺序依次点亮，再每隔 1 s 逆序依次熄灭，全灭后，每隔 1 s 全亮和全灭交替闪烁，交替闪烁 3 个周期后全灭。

2. I/O 地址分配表

I/O 地址分配表见表 7 – 1 – 4。

表 7 – 1 – 4 I/O 地址分配表

输入信号		输出信号	
名称	地址	名称	地址
SB	X0	HL1	Y0
		HL2	Y1
		HL3	Y2
		HL4	Y3
		HL5	Y4
		HL6	Y5
		HL7	Y6
		HL8	Y7

3. PLC 硬件接线图

PLC 硬件接线图如图 7 – 1 – 5 所示。

4. 程序设计

梯形图程序如图 7 – 1 – 6 所示，主程序负责写流程，子程序负责写动作。其融合了顺序控制的方法，一开始按下 X0 时，置位中间变量 M0，同时，将 1 赋给 K2Y0；M0 接通时，调用 P0，P0 负责写左循环点亮的动作。T0 常开触点为 1 s 脉冲信号，每隔 1 s 触发一次左循环移位，当最高位 Y7 从 1 变为 0 时，接通 M1，断开 M0，调用 P1，停止调用 P0；P1 负责写右循环点亮动作，每隔 1 s 触发一次右循环移位指令，当 Y0 最低位从 1 变为 0 时，接通 M2，断开 M1，调用 P2，停止调用 P1；P2 负责写顺序点亮动作，每隔 1 s 触发一次左移指令，将 K1 的数值添给最低位，每次整体移 1 位，当每一位都是 1，即 K2Y0 为 255 时，接通 M3，断开 M2，调用 P3，停止调用 P2；P3 负责写逆序停止动作，每隔 1 s 触发一次右移指令，将 K0 的数值添给最高位，每次整体移 1 位。当全灭时，接通 M4，断开 M3，调用 P4，停止调用 P3；P4 负责写交替闪烁程序，T4 接通 1 s，断开 1 s，用 T4 的常开和常闭触点去给 K2Y0 赋 H0FF 和 H0，交替闪烁；同时，每个周期将 D0 加 1，当 D0 大于等于 3 时，所有灯和中间变量都清零。

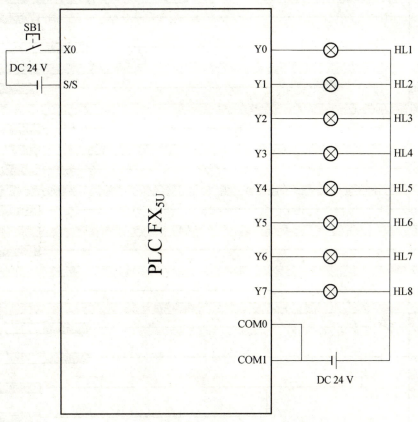

图 7 – 1 – 5   子程序调用彩灯花样控制硬件接线图

拓展训练

训练 1   利用子程序实现顺序启动和逆序停止

控制要求：第一次按下 SB1，电动机 M1 启动，第二次按下 SB1，电动机 M2 启动，第三次按下 SB1，电动机 M3 启动；第一次按下 SB2，电动机 M3 停止，第二次按下 SB2，电动机 M2 停止，第三次按下 SB2，电动机 M1 停止。

彩灯花样控制
调试结果

训练 2   利用子程序实现几台电动机控制

控制要求：按下 SB1，电动机 M1 启动，3 s 后 M1 停止，再 3 s 后又自动启动，按此周期反复运行；按下 SB2 后，电动机 M2 启动，6 s 后 M2 停止；按下 SB3，M3 电动机以低速运行 4 s 后停止，再高速运行 6 s 后停止；按下 SB4，3 台电动机停止。

拓展训练 1 调试结果

拓展训练 2 调试结果

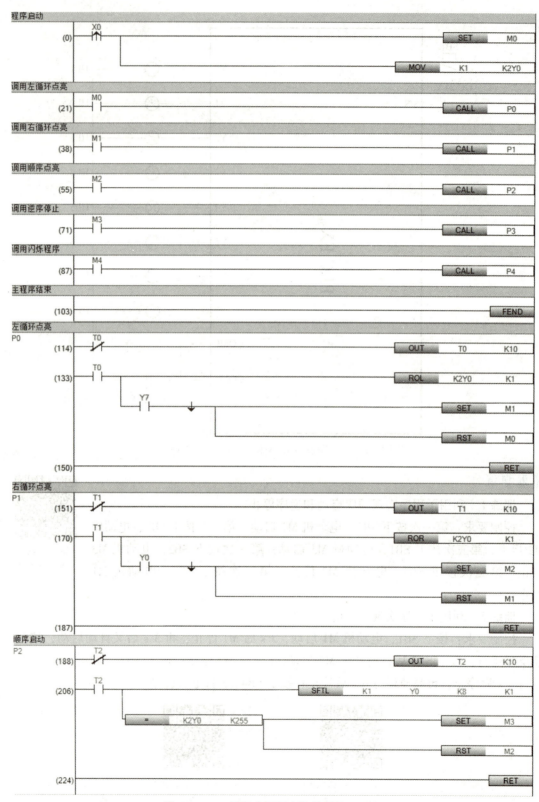

图 7 – 1 – 6　子程序调用彩灯花样控制程序

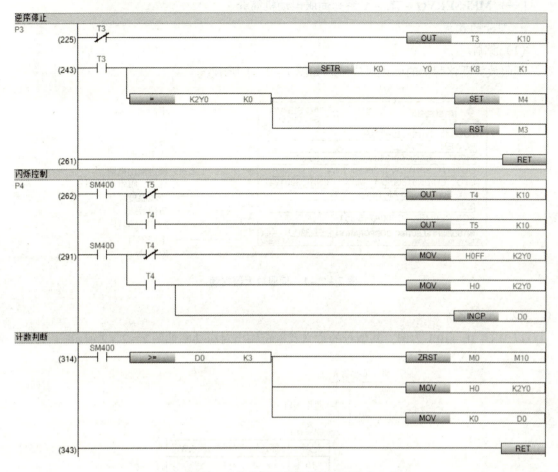

图 7 – 1 – 6　子程序调用彩灯花样控制程序（续）

小课堂

奋斗没有终点，讲述华为的奋斗史：数字交换机→无线通信业务→互联网手机→强上海思 K3V2 处理器。

任务二　FX₅ᵤ 系列 PLC 对 MR – JE – A 系列伺服的控制

相关知识

三菱通用 AC 伺服 MELSERVO – JE 系列以 MELSERVO – J4 系列为基础，在保持高性能的前提下对功能进行限制。其中，MELSERVO – JE 为伺服放大器的型号。

控制模式有位置控制、速度控制和转矩控制 3 种。在位置控制模式下，最高可以发 4 Mpulses/s 的高速脉冲串。还可以选择位置/速度切换控制、速度/转矩切换控制和转矩/位置切换控制。所以，本伺服不但可以用于机床、普通工业机械的高精度定位和平滑的速度控制，还可以用于线控制和张力控制等，应用范围十分广泛。

（一）MELSERVO – JE – A 系列伺服电动机简介

1. 型号的构成

（1）铭牌

伺服放大器铭牌上的标识对应解释如图 7 – 2 – 1 所示。

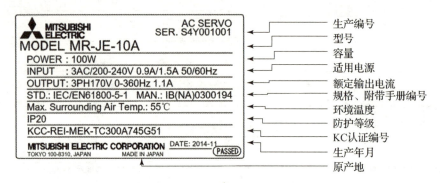

图 7 – 2 – 1　伺服放大器铭牌

（2）型号名称

以 MR – JE – 10A 为例，其型号的意义及额定输出对应功率如图 7 – 2 – 2 所示。

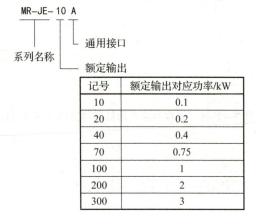

记号	额定输出对应功率/kW
10	0.1
20	0.2
40	0.4
70	0.75
100	1
200	2
300	3

图 7 – 2 – 2　伺服放大器型号

2. 伺服放大器与伺服电动机的组合

不同的伺服放大器型号和功率对应能够控制的电动机见表 7 – 2 – 1。

表 7 – 2 – 1　伺服放大器与电动机匹配表

伺服放大器	伺服电动机	伺服放大器	伺服电动机
MR – JE – 10A	HG – KN13 – S100	MR – JE – 100A	HG – SN102 – S100
MR – JE – 20A	HG – KN23 – S100	MR – JE – 200A	HG – SN152 – S100 HG – SN202 – S100

续表

伺服放大器	伺服电动机	伺服放大器	伺服电动机
MR – JE – 40A	HG – KN43 – S100	MR – JE – 300A	HG – SN302 – S100
MR – JE – 70A	HG – KN73 – S100 HG – SN52 – S100		

3. 伺服放大器的接线

根据伺服放大器的功率大小和电源是单相还是三相的不同，接线有略微区别。在 MR – JE – 10 A ~ MR – JE – 100 A 中使用单相 AC 200 ~ 240 V 电源时，其接线图如图 7 – 2 – 3 所示。

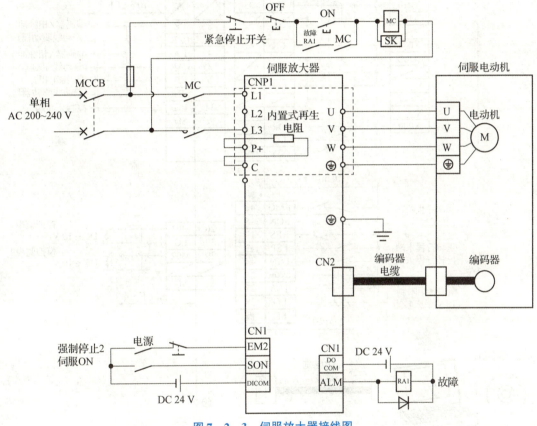

图 7 – 2 – 3　伺服放大器接线图

伺服放大器如果是单相电源供电，则将火线和零线接入 L1 和 L3 端口，如是三相，则将三根火线接入 L1、L2、L3；100 A 以下的电动机与 100 A 以上的区别在于有无内置式再生电阻，再生电阻的作用是在加减速运行时的减速停止期间、由负载侧形成的伺服电动机不间断地连续运行时，伺服电动机由再生（发电机）模式驱动，起到保护作用。再生电阻内部已接好电路，再生电阻器会达到高温，使用耐热不燃的电线，接线时不要与再生电阻器接触；U、V、W 连接伺服电动机的首端；CN2 端子连接伺服电动机的编码器；一般情况下，连接电动机的首端线路和编码器线路都是已经做好的电缆，直接用连接器与伺服放大器端接好即可。CN1 端子为伺服输入/输出的信号线，里面有 50 个引脚，各引脚的接线如图 7－2－4 所示。

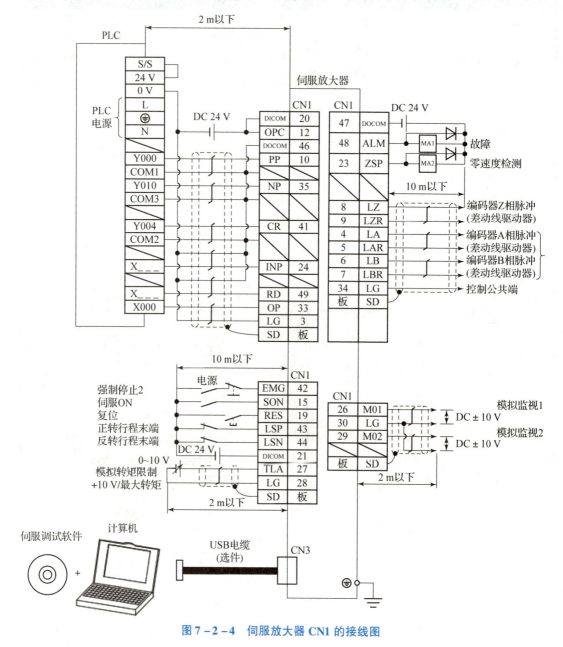

图 7－2－4 伺服放大器 CN1 的接线图

PP－10 号引脚：脉冲信号的正端，接 PLC 的高速输出口，PLC 通过发出高速脉冲给伺服，驱动伺服运动。

NP－35 号引脚：方向信号正端，接 PLC 的普通输出口即可。

CR－41 号引脚：清零滞留脉冲信号，上位机发出指定脉冲，驱动器根据上位机的指令去驱动电动机，但是由于机械或者电气方面的原因，导致编码器反馈回来的脉冲数与发送的脉冲不等，多的或少的脉冲称为滞留脉冲。驱动器给电动机的脉冲数＝上位机发出的脉冲

数 + 滞留脉冲数，持续运动控制中，滞留脉冲累积到一定数量，对定位产生影响。可以由
PLC 输出一个信号接通 CR，即可清除滞留脉冲数（这个信号必须保持 10 ms 以上）。

OP – 33 号引脚：编码器 Z 相脉冲信号，编码器旋转一圈，得到一个 Z 相脉冲信号，将
其接入 PLC 的输入端，用来计算电动机旋转的圈数。

ALM – 48 号引脚：伺服报警（输出信号），当伺服驱动器没有故障时，这个信号是接通
的，当伺服出现故障时，这个信号断开，我们常把这个信号反馈至 PLC 的输入端，串接在
控制命令的条件中，以作为保护功能。

LSP – 43 号引脚：正极限，默认参数 PD01 为 0，表示选择外部接线控制，则外部开关
必须接常闭，如果正向开关断开，禁止电动机正向移动，则起到保护作用。

LSN – 44 号引脚：反极限，默认参数 PD01 为 0，表示选择外部接线控制，则外部开关
必须接常闭，如果反向开关断开，禁止电动机反向移动，则起到保护作用。

EMG – 42 号引脚：紧急停止，伺服要运行，紧急停止信号必须要导通，不可以通过参
数屏蔽，外部一定要接线，如果没有加紧急停止开关，则直接将其与公共端短接，否则电动
机无法运行。

SON – 15 号引脚：伺服使能信号。电动机要正常运转，使能信号必须接通，在上位机
向驱动器发送脉冲指令信号期间，如果使能信号断开，驱动器就拒绝接收脉冲指令信号，从
而会丢失部分脉冲指令信号。所以，伺服电动机运行之前必须将电动机处于使能信号接通状
态，一般情况下，只有在设备维护、故障处理、伺服停止时，才将使能信号处于断开状态。
如果没有使能开关，则直接将其与公共端短接，否则，电动机无法运行。

DICOM – 20/21 号引脚：输入信号的公共端，接正、负都可以。

OPC – 12 号引脚：集电极开路漏型接口，作为电源输入端，接正端。

DOCOM – 46 号引脚：公共端，接负端。

4. FX_{5U}系列 PLC 的参数设置

单击 FX_{5U}编程界面"参数"→"高速 I/O"，打开"输出功能"界面，双击"设置定
位功能"下的"详细设置"，弹出设置界面，控制几台伺服电动机对应就设置几个轴的参
数。如果没有回原点要求，则设置基本参数 1 即可，如图 7 – 2 – 5 所示。

项目	轴1
□ 基本参数1	设置基本参数1。
脉冲输出模式	1:PULSE/SIGN
输出软元件(PULSE/CW)	Y0
输出软元件(SIGN/CCW)	Y4
旋转方向设置	0:通过正转脉冲输出增加当前地址
单位设置	0:电机系统(pulse, pps)
每转的脉冲数	5000 pulse
每转的移动量	5000 pulse
位置数据倍率	1:×1倍

图 7 – 2 – 5　定位功能基本参数设置

脉冲输出模式：PULSE/SIGN：脉冲 + 方向控制，一路脉冲信号一路方向信号；CW/
CCW：正脉冲 + 负脉冲控制，发两路脉冲信号。一般采用脉冲 + 方向控制，控制方式简单，

并且只需要占用一个高速脉冲输出端口。

输出软元件（PULSE/CW）：脉冲输出端口地址，对于 FX$_{5U}$ 系列 PLC 本体有 Y0 ～ Y3 四个高速脉冲输出端，可实现四个轴的脉冲控制，脉冲频率高达 200 kHz。

输出软元件（SIGN/CCW）：方向输出端口地址，可以是任何输出软元件，没有频率要求。

旋转方向设置：0 表示通过正转脉冲输出增加当前地址，即脉冲增加的方向为正转；1 表示通过反转脉冲输出增加当前地址，即脉冲增加的方向为反转。

单位设置：0 为电动机系统（pulse，pps）表示位移单位为脉冲个数，速度单位为脉冲个数/s；1 为机械系统（μm，cm/min）表示位移单位为 μm，速度单位为 cm/min，其他设置意义类似，括号的第一个单位为位移单位，第二个单位为速度单位。

每转的脉冲数：指电动机转一圈的脉冲数，与伺服驱动器设置的每转脉冲数参数对应。

每转的移动量：指电动机转一圈带动负载移动的距离。如果选择单位是电动机系统脉冲型，则不需要设置此项；如果是机械系统位置型，则此项参数与实际的距离相等，比如丝杠结构螺纹距离 5 μm，如果选择 μm 为单位，则填入 5 000 μm。

位置数据倍率：可选择 1 倍、10 倍、100 倍、1 000 倍。一般控制的距离不会超过数值范围，不需要进行放大，选择 1 倍即可。

5. 伺服参数设置

伺服常用的主要参数及对应功能见表 7 - 2 - 2。

表 7 - 2 - 2 常用参数设置

参数	功能	备注	默认值
PA01	控制模式选择	0：位置控制；1：速度控制	0
PA05	旋转一周的指令脉冲输入	设置后，PA06 和 PA07 参数无效	10 000
PA06	电子齿轮分子	指令脉冲倍率分子	1
PA07	电子齿轮分母	指令脉冲倍率分母	1
PA21	功能选择	0：电子齿轮（PA06 及 PA07）；1：旋转一周的指令脉冲输入（PA05）	1001
PD01	输入信号自动 ON 选择	共 4 位数，每位数值占 4 位，其说明如图 7 - 2 - 6 所示	0

如图 7 - 2 - 6 所示，第一位数值的第三位为 1，表示内部自动开启使能功能，不需要外部接线，即第一位数值为 2#0100，即 4；第三位数值的第三位和第四位为 1，表示内部自动开启正限位和反限位功能，即第三位数值为 2#1100，即 C 时，外部不需要接入正反限位信号。

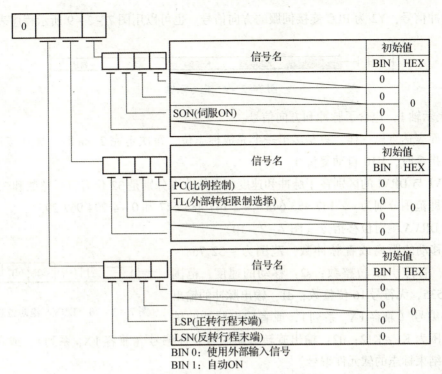

BIN 0：使用外部输入信号
BIN 1：自动ON

图 7 – 2 – 6   PD01 设定值意义

对于普通的位置控制电动机，外部按规定接入使能信号、正反限位开关，只需要根据要求设置 PA05 参数即可。PA05 的数值在做 PLC 的参数设置时和"每转的脉冲数"相等。

6. 伺服控制常用指令

（1）DRVI 相对位移指令（图 7 – 2 – 7）

s1：移动的距离或者脉冲数，范围为 – 32 768 ~ + 32 767，有符号 16 位整数；s2：移动的速度，范围为 1 ~ 65 535，无符号 16 位整数；d1：输出脉冲的输出位软元件编号（兼容 FX₃ᵤ 系列），或者输出

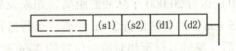

图 7 – 2 – 7   DRVI 相对位移指令

脉冲的轴编号，范围为 K1 ~ K12；d2：输出旋转方向的软元件编号（兼容 FX₃ᵤ 系列），或者定位结束、异常结束标志的软元件编号。

例如（图 7 – 2 – 8）：

图 7 – 2 – 8   指令示例

表示 X0 接通时，伺服电动机以 5 000 脉冲/s 的速度正转（基本参数的旋转方向设置为 0）运行 20 000 个脉冲的距离。如果设置转一圈 5 000 个脉冲，一圈电动机走 5 mm，则以 5 mm/s 的速度运行 2 cm 的距离。运行过程中，未到 2 cm 时，如果 X0 断开，则电动机停止，不断开，则电动机运行 2 cm 后停止。再次接通 X0，电动机再运行 2 cm。每次走完 2 cm，完成标志位 SM8029 接通。下次调用此指令，SM8029 自动复位为 0。Y0 为 PLC 连接

伺服的脉冲信号，Y2 为 PLC 连接伺服的方向信号。也可以用图 7 - 2 - 9 所示程序表示。

图 7 - 2 - 9　指令示例

K1 表示轴 1，包含了脉冲和方向信号。

同上面表达意思一样，只是多了一个完成标志位，每次走完 2 cm 时，M10 接通。下次再调用此指令时，M10 自动复位 0。

DDRVI 与 DRVI 的区别在于脉冲和速度的取值范围分别是 32 位有符号整数和 32 位无符号整数，即范围分别为 - 2 147 483 648 ~ + 2 147 483 647 和 0 ~ 4 294 967 295。

（2）DRVA 绝对位移指令（图 7 - 2 - 10）

s1：移动的距离或者脉冲数，范围为 - 32 768 ~ + 32 767，有符号 16 位整数；s2：移动的速度，范围为 1 ~ 65 535，无符号 16 位整数；d1：输出脉冲的输出位软元件编号（兼容 FX$_{3U}$系列），或者输出脉冲的轴

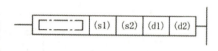

图 7 - 2 - 10　DRVA 绝对位移指令

编号，范围为 K1 ~ K12；d2：输出旋转方向的软元件编号（兼容 FX$_{3U}$系列），或者定位结束、异常结束标志的软元件编号。

例如（图 7 - 2 - 11）：

图 7 - 2 - 11　指令示例

表示 X0 接通时，伺服电动机以 5 000 脉冲/s 的速度正转（基本参数的旋转方向设置为 0）运行 20 000 个脉冲的距离。如果设置转一圈 5 000 个脉冲，一圈电动机走 5 mm，则以 5 mm/s 的速度运行 2 cm 距离。运行过程中未到 2 cm 时，如果 X0 断开，电动机停止，接通后，继续运行至相对原始位置的 2 cm 处停止。如果 X0 不断开，则电动机运行 2 cm 后停止。再次接通 X0，电动机不运行。运行完 2 cm 后，完成标志位 SM8029 接通，Y0 为 PLC 连接伺服的脉冲信号，Y2 为 PLC 连接伺服的方向信号。

如图 7 - 2 - 12 所示，同上面表达意思一样，只是多了一个完成标志位，走完 2 cm 时，M10 接通。

图 7 - 2 - 12　指令示例

DRVA 是绝对位移指令，条件接通后，总共运行 s1 距离，运行到设定距离后，再接通条件，电动机不运行。而 DRVI 是相对位移指令，每次条件接通后（保持接通），都会运行 s1 距离。

DDRVA 与 DRVA 的区别在于脉冲和速度的取值范围分别是 32 位有符号整数和 32 位无符号整数，即范围分别为 - 2 147 483 648 ~ + 2 147 483 647 和 0 ~ 4 294 967 295。

（3）PLSV 变速脉冲指令（图 7－2－13）

s：移动的速度，范围为－32 768～＋32 767，有符号 16 位整数，正数表示正转方向，负数表示反转方向；d1：输出脉冲的输出位软元件编号（兼容 FX_{3U}系列），或者输出脉冲的轴编号，范围位 K1～K12；d2：输出旋转方向的软元件编号（兼容 FX_{3U}系列），或者定位结束、异常结束标志的软元件编号。

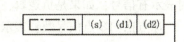

图 7－2－13　PLSV 变速脉冲指令

例如（图 7－2－14）：

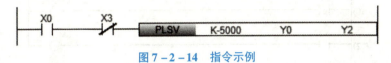

图 7－2－14　指令示例

当 X0 接通时（保持接通），电动机以 5 000 脉冲/s 的速度反转，当运行到 X3 的位置时，停止运行。PLSV 不指定移动位移，当移动到目标位置时，断开 PLSV 指令。

（4）DSZR 带 DOG 搜索的原点复位指令（图 7－2－15）

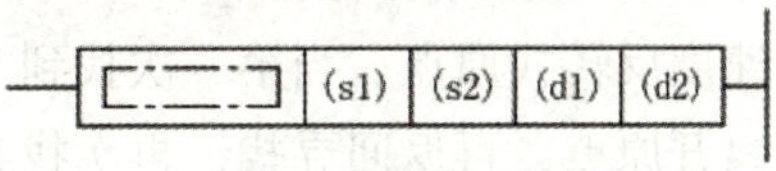

图 7－2－15　DSZR 带 DOG 搜索的原点复位指令

s1：原点复位速度，范围为 1～65 535，无符号 16 位整数；s2：蠕变速率，范围为 1～65 535，无符号 16 位整数；d1：输出脉冲的轴编号，为 K1～K12；d2：原点复位结束，异常结束标志的位软元件编号。

PLC 的原点回归参数配置如图 7－2－16 所示。

原点回归参数	设置原点回归参数。
原点回归　启用/禁用	1:启用
原点回归方向	0:负方向(地址减少方向)
原点地址	0 pulse
清除信号输出　启用/禁用	1:启用
清除信号输出　软元件号	Y4
原点回归停留时间	100 ms
近点DOG信号　软元件号	X4
近点DOG信号　逻辑	0:正逻辑
零点信号　软元件号	X4
零点信号　逻辑	0:正逻辑
零点信号　原点回归零点信号数	1
零点信号　计数开始时间	1:近点DOG前端

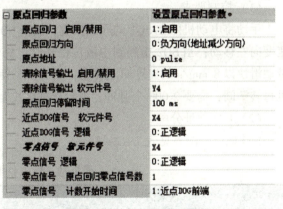

图 7－2－16　原点回归参数设置

原点回归启用/禁用：选择 1 启用。

原点回归方向：0 负方向（地址减少方向），1 正方向（地址增加方向），表示寻找原点起始方向和结束方向。如果基本参数 1 中设置的正转方向是地址增加的方向，则此处如果选 0，表示起始方向是反转运行，结束方向是反向，选 1 表示起始方向是正转运行。

原点地址：一般设置为 0。

清除信号输出启用/禁用：如果启用，则指定的软元件与伺服放大器的 CR 引脚连接。

原点回归停留时间：设置一个短暂的停留时间。

近点 DOG 信号：靠近原点的信号。

零点信号：原点信号。

只有搜索到近点 DOG 信号后，才能找到零点信号，可以不指定，即近点信号和零点信号设置的都是原点信号。

近点信号和零点信号逻辑：0 表示正逻辑，1 表示负逻辑。一般选择正逻辑，触点为 1 时表示有信号；如果是负逻辑，则触点为 0 时表示有信号。

原点回归零点信号数：表示每次到近点信号的下降沿时检测 1 次，设置几次则要检测几次才停止；如果近点信号和零点信号设置成同一个点，则原点回归零点信号数设置无效。

例如（图 7 - 2 - 17）：

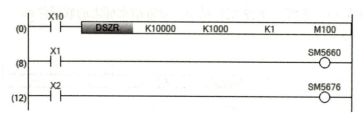

图 7 - 2 - 17　指令示例

如果原点参数设置如图 7 - 2 - 6 所示，X10 接通时，进行原点搜索指令，以 1 0000 脉冲/s 的速度反转找原点。当第一次找到 X4 原点时，当成是近点信号，然后以 1 000 脉冲/s 的速度离开原点，再返回寻找，再次找到 X4 时确定为原点，并停止在原点信号下。X1 为正转限位信号，当碰到正转限位开关时，接通 SM5660 轴 1 正转限位特殊标志位，返回继续寻找原点；同样，X2 为反转限位信号，当碰到反转限位开关时，接通 SM5676 轴 1 反转限位特殊标志位，再返回搜索原点。

（二）伺服控制的应用

1. 液位模拟电动机的控制

（1）控制要求

手动将电动机停在 SQ1 的原点位置，按下 SB，电动机 M 正转，带动滑块以 10 mm/s 的速度向左移动；当 SQ2 检测到中液位信号时，M 停止旋转，再次按下 SB，电动机 M 正转，带动滑块以 8 mm/s 的速度向左移动；当 SQ3 检测到低液位信号时，M 停止旋转。伺服电动机每转一圈，需要 2 000 个脉冲，滑台丝杠螺纹距离为 5 mm。

（2）I/O 地址分配

I/O 地址分配表见表 7 - 2 - 3。

表 7 - 2 - 3　I/O 地址分配表

输入信号		输出信号	
名称	地址	名称	地址
SB	X0	脉冲信号	Y0
SQ1	X1	方向信号	Y1
SQ2	X2		
SQ3	X3		

（3）参数设置

PLC 的参数配置如图 7 - 2 - 18 所示。

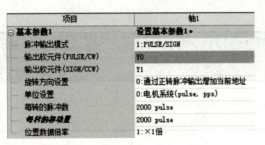

图 7 – 2 – 18 PLC 参数设置

伺服参数设置：PA05 设置成 2 000 即可。

（4）程序设计

梯形图如图 7 – 2 – 19 所示。在原点位置 X1 时按下 X0，将 M0 置位，同时电动机以 10 mm/s 的速度，即 4 000 脉冲/s 正转运行，当运行到 X2 时，断开 M0，电动机停止；当在 X2 位置处按下 X0 时，又以 8 mm/s 的速度，即 3 200 脉冲/s 正转运行，运行到 X3 位置时断开，M1 停止运行。

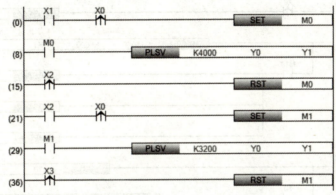

图 7 – 2 – 19 液位模拟电动机控制程序

2. 码料小车伺服控制

（1）控制要求

小车初始位置在 SQ1 处，按下启动按钮 SB，码料小车以 8 mm/s 速度向右行驶 2 cm 停止，2 s 后，码料小车以 12 mm/s 速度开始向左运行，至 SQ1 处停止，2 s 后，以 10 mm/s 速度继续向左运行，至 SQ2 处停止，2 s 后，以 8 mm/s 速度继续向左运行，至 SQ3 处停止。伺服电动机每转一圈需要 3 000 个脉冲，滑台丝杠螺纹距离为 4 mm。

（2）I/O 地址分配

I/O 地址分配表见表 7 – 2 – 4。

表 7 – 2 – 4 I/O 地址分配表

输入信号		输出信号	
名称	地址	名称	地址
SB	X0	脉冲信号	Y0
SQ1	X1	方向信号	Y1

续表

输入信号		输出信号	
名称	地址	名称	地址
SQ2	X2		
SQ3	X3		

（3）PLC 参数配置

PLC 的参数配置如图 7－2－18 所示，将每转脉冲数改成 3 000。

伺服参数将 PA05 改成 3 000。

（4）程序设计

梯形图如图 7－2－20 所示。在 X1 处时，按下 X0，电动机以 6 000 脉冲/s，即 8 mm/s 的速度反转（右行）运行 15 000 个脉冲距离，即 5 圈 2 cm；运行完成后，M10 接通，将 M0

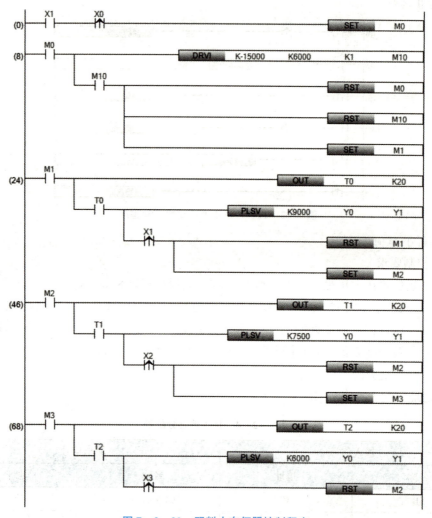

图 7－2－20　码料小车伺服控制程序

和 M10 复位，接通 M1，进行 2 s 定时，时间到后，以 9 000 脉冲/s，即 12 mm/s 的速度正转（左行）运行，到 X1 处时复位 M1，停止运行；同时置位 M2，进行 2 s 定时，时间到后，以 7 500 脉冲/s，即 10 mm/s 的速度正转（左行）运行，到 X2 处时复位 M2，停止运行，同时置位 M3，进行 2 s 定时，时间到后，以 6 000 脉冲/s，即 8 mm/s 的速度正转（左行）运行，到 X3 处时复位 M3，停止运行。

应用实施

回原点功能应用

1. 控制要求

选择开关 SA1 指定 2 个速度选择，SA1 接通时，速度要求为 5 mm/s，SA1 断开时，速度要求为 10 mm/s，可通过 SA1 实时选择运行速度。SQ1 为原点信号，按下启动按钮 SB，小车自动移动至 SQ1 位置，1 s 后，小车向右行驶 2 cm 停止，2 s 后，码料小车开始向右运行，至 SQ3 处停止，2 s 后，继续向左运行，至 SQ2 处停止，2 s 后，继续向左运行，至 SQ1 处停止。SQ4 为右限位（正向限位），SQ5 为左限位（反向限位）。伺服电动机每转一圈，需要 5 000 个脉冲，滑台丝杠螺纹距离为 5 mm。

2. I/O 地址分配表

I/O 地址分配表见表 7 – 2 – 5。

表 7 – 2 – 5　I/O 地址分配表

输入信号		输出信号	
名称	地址	名称	地址
SA1	X0	脉冲信号	Y0
SB	X1	方向信号	Y4
SQ1	X2		
SQ2	X3		
SQ3	X4		
SQ4	X5		
SQ5	X6		

3. PLC 参数设置

PLC 参数如图 7 – 2 – 21 所示。伺服参数 PA05 设置成 5 000。

4. 程序设计

梯形图如图 7 – 2 – 22 所示。X0 接通时，把 5 mm/s 的速度赋给 D0，X0 断开时，把 10 mm/s 的速度赋给 D0；按下按钮 X1 时，接通 M0，以 D0 的速度寻找原点 X2，当找到原点时，将 M0 复位；置位 M1，进行 1 s 定时，时间到后，反转运行 2 cm，运行完成后，断开 M1，电动机停止，复位 M10；接通 M2，进行 2 s 定时，时间到后，反转运行至 X4 时，断开 M2，电动机停止；接通 M3，进行 2 s 定时，时间到后，正转运行至 X3 时，断开 M3，电动机停止；接通 M4，进行 2 s 定时，时间到后，正转运行至 X2 时，回到原点，断开 M4，电动机停止。

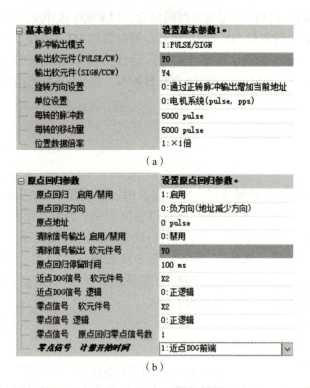

（a）

（b）

图 7 – 2 – 21　参数设置

（a）基本参数；（b）原点回归参数

拓 展 训 练

训练 1　步进电动机控制

控制要求：按下启动按钮 SB1 后，步进电动机 M 以 30 r/min 的速度正转 5 s—停 2 s—反转 5 s—停 2 s 的周期一直运行，按下停止按钮 SB2，步进电动机 M 停止，电动机转一圈需要 3 000 脉冲。

训练 2　送料小车运行控制

如图 7 – 2 – 23 所示，电动机 M 调试前，送料小车在 SQ1 与 SQ3 之间的任意位置。按下 SB1 按钮，电动机 M 带动送料小车右行至 SQ1，停 2 s 后，再向左运行至 SQ2。再次按下 SB1，送料小车将按照以下顺序循环运行：右行至 SQ3 停 2 s—左行至 SQ2 停 2 s—左行至 SQ1 停 2 s—右行至 SQ2 停 2 s—右行至 SQ3 停 2 s—……；电动机 M 运行过程中，随时按下 SB2，小车停止。电动机转一圈需要 2 000 脉冲，螺纹间距为 4 mm。

回原点运动调试结果

拓展训练 1 调试结果

拓展训练 2 调试结果

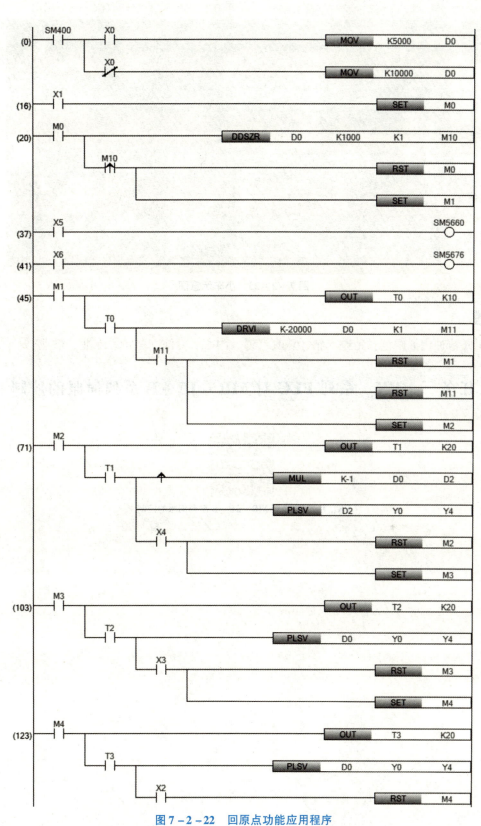

图 7 – 2 – 22　回原点功能应用程序

187

图 7 – 2 – 23   小车示意图

小课堂

工匠精神内涵解读：精益求精、认真严谨、耐心、专注、坚持、专业、敬业。

任务三 FX$_{5U}$系列 PLC 对 MR – JE – B 系列伺服的控制

FX$_{5U}$系列 PLC 对 MR – JE – B 系列伺服的控制

项目八

FX₅U系列PLC与HMI的综合应用

知识目标

1. 掌握 FX$_{5U}$ 系列 PLC 的 SLMP 通信以太网设置方法；
2. 掌握 MCGS 上位通信设置方法；
3. 掌握 FX$_{5U}$ 系列 PLC 的 MODBUS TCP 通信以太网设置方法；
4. 掌握 MCGS 上位实现 MODBUS 通信的设置方法。

能力目标

1. 能进行简单控制的 MCGS 上位界面制作；
2. 能进行灯塔之光的 MCGS 上位界面制作。

素质目标

1. 培养学生运用科学的思维方式认识事物、解决问题、指导实践的能力和品质；
2. 培养学生针对实际问题的自主探究和逻辑分析能力；
3. 培养学生认真严谨、精益求精的职业素养和工匠精神。

任务一 FX$_{5U}$ 的 SLMP 协议实现与 HMI 的通信

相关知识

FX$_{5U}$ 系列 PLC 与 HMI 触摸屏连接常用的通信方式有 SLMP TCP 和 MODBUS TCP 协议。SLMP 是用于 CPU 模块或外部设备（个人计算机或显示器等）使用以太网对 SLMP 对应设备进行访问的协议。

（一）FX$_{5U}$系列 PLC 以太网端口设置

打开 FX$_{5U}$ 系列 PLC 的编程界面，单击"导航"→"参数"→"模块参数"→"以太网端口"，双击，在弹出界面中输入 PLC 新的 IP 地址（也可用旧地址）和子网掩码，如图 8 - 1 - 1（a）所示。双击"对象设备连接配置设置"，在弹出的界面中，在"部件选择"里将"SLMP 连接设备"拖入"本站连接"后面，如图 8 - 1 - 1（b）所示。SLMP 连接设备的端口号要填入 1～65 535 之间的数据，与连接的设备那端数据一致。其中，1～1 023 是系统约定好的服务，自定义最好从 1 024 开始，但也可以占用。

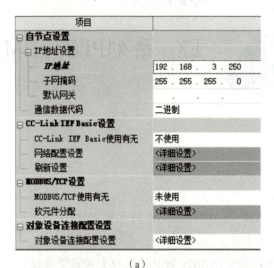

（a）

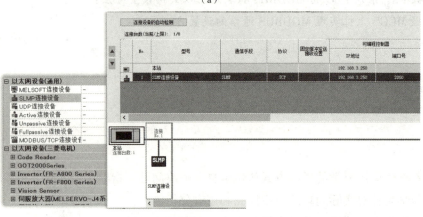

（b）

图 8－1－1　以太网端口设置

关闭当前界面时弹出"设备已更新，是否保持"，单击"是"按钮，单击当前界面右下角的"应用"按钮，参数设置完成。

（二）上位界面通信设置

打开 MCGS 嵌入版组态软件，双击"设备窗口"菜单栏，添加"通用 TCP/IP 父设备"和"FX5_ETHERNET"子设备，如图 8－1－2 所示。如果设备工具箱中没有，则需要进入"设备管理"中进行添加。

双击"通用 TCPIP 父设备 0"，弹出的"基本属性"设置界面如图 8－1－3 所示。本地 IP 地址：触摸屏的 IP 地址，如果用计算机进行模拟运行，此处可以不填写；本地端口号：默认 0 不能改变；远程 IP 地址：上位要连接的 PLC 的 IP 地址，和 FX$_{5U}$ 系列 PLC 以太网端口设置中的 IP 地址一致；远程端口号：与 FX$_{5U}$ 系列 PLC 以太网端口设置中 SLMP 连接设备的端口号一致。

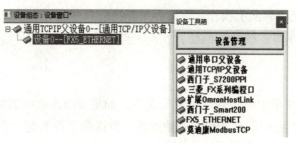

图 8 – 1 – 2　设备窗口设置

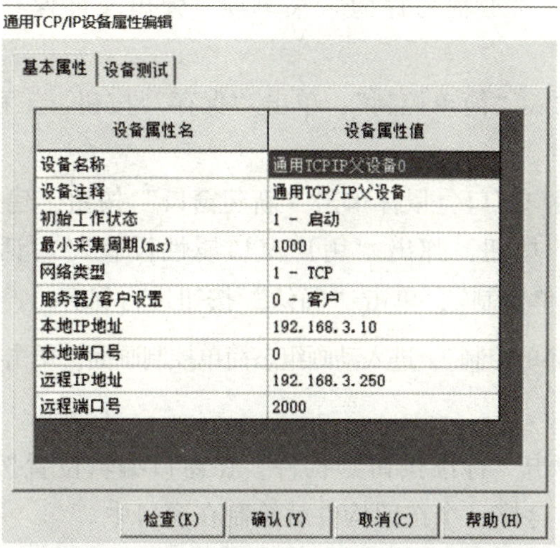

图 8 – 1 – 3　通用 TCP/IP 设备属性设置

应 用 实 施

上位界面的简单控制

1. 控制要求

按钮从上位界面上操作，指示灯上位界面和实际设备同步。按下 SB1 时，对应 HL1 点亮，松开 SB1，对应 HL1 熄灭。按下 SB2 时，对应 HL2 点亮，松开 HL2 继续点亮，同时开始定时，5 s 后 HL3 点亮；按下停止按钮 SB3，HL2 和 HL3 灭。

2. I/O 地址分配

I/O 地址分配表见表 8 – 1 – 1。

表 8 – 1 – 1　I/O 地址分配表

输入信号		输出信号	
名称	地址	名称	地址
		HL1	Y0
		HL2	Y1
		HL3	Y2

所有的 SB 都从上位界面上操作，不需要另外接输入信号，所以没有分配输入地址，而输出信号需要连接指示灯，故分配地址。

3. 画面制作

（1）创建工程

①鼠标单击文件菜单中的"新建工程"选项，如果 MCGS 嵌入版安装在 D 盘根目录下，则会在 D:\MCGSE\WORK\下自动生成新建工程，默认的工程名为"新建工程 X.MCE"（X 表示新建工程的顺序号，如 0、1、2 等）。

②选择文件菜单中的"工程另存为"菜单项，弹出文件保存窗口，存到想存的根目录下。

③在文件名一栏内输入"简单控制"，单击"保存"按钮，工程创建完毕。

（2）窗口组态

①在工作台中激活用户窗口，鼠标单击"新建窗口"按钮，建立新画面"窗口 0"。

②单击"窗口属性"按钮，弹出"用户窗口属性设置"对话框，在基本属性页，将"窗口名称"修改为"简单控制"，单击"确认"按钮进行保存。

③在用户窗口双击"简单控制"，进入动画组态简单控制画面，单击 ![icon] 按钮打开"工具箱"。

④建立基本元件。

按钮：从工具箱中单击"标准按钮"构件，在窗口编辑位置按住鼠标左键拖放出一定大小后，松开鼠标左键，这样一个按钮构件就绘制在窗口中。

双击该按钮，打开"标准按钮构件属性设置"对话框，在基本属性页中将"文本"修改为 SB1，单击"确认"按钮保存。

使用同样的操作分别绘制另外两个按钮，文本修改为 SB2 和 SB3，按住键盘的 Ctrl 键，单击鼠标左键，同时选中三个按钮，使用工具栏中的等高宽、左（右）对齐和纵向等间距对三个按钮进行排列对齐。

指示灯：单击工具箱中的"插入元件"按钮，打开"对象元件库管理"对话框，选中图形对象库指示灯中的一款，单击"确认"按钮添加到窗口画面中，并调整到合适大小。使用同样的方法再添加两个指示灯，摆放在窗口中按钮旁边的位置，如图 8-1-4 所示。

标签：单击选中工具箱中的"标签"构件，在窗口中按住鼠标左键，拖放出一定大小的"标签"，然后双击该标签，弹出"标签动画组态属性设置"对话框，在扩展属性页的"文本内容输入"中输入"点动启动"，单击"确认"按钮，如图 8-1-5 所示。双击文本标签，可对字体大小、颜色、边线颜色、填充颜色进行修改，如图 8-1-6 所示，上位界面的画面完成。

（3）建立数据连接

在"实时数据库"菜单下，单击"新增对象"，对象名称改为"SB1"，对象类型选为"开关"型。使用同样的方式新增对象 SB2、SB3、HL1、HL2、HL3。

（4）窗口属性定义

回到"简单控制"用户窗口，设置按钮和指示灯属性。

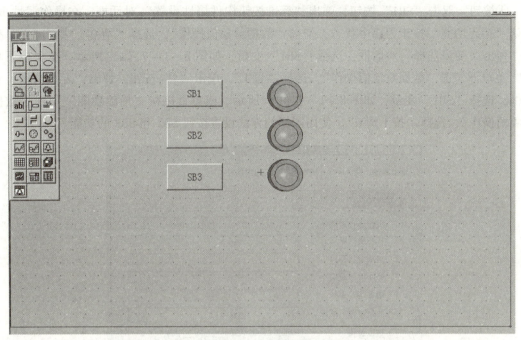

图 8 - 1 - 4　指示灯放置

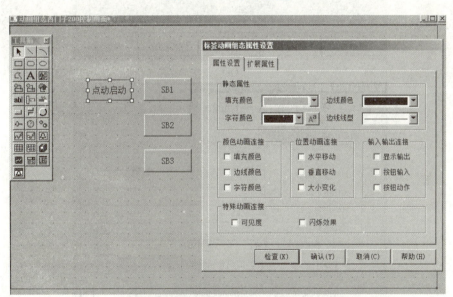

图 8 - 1 - 5　标签

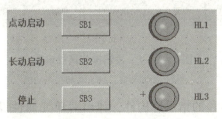

图 8 - 1 - 6　完整界面

①按钮：双击"SB1"按钮，弹出"标准按钮构件属性设置"对话框，在操作属性页，默认"抬起功能"按钮为选中状态，勾选"数据对象值操作"，选择"清0"，单击"?"按钮，弹出"变量选择"对话框，选择"SB1"变量，如图8-1-7（a）所示。在"按下功能"菜单下勾选"数据对象值操作"，选择"置1"，单击"?"按钮，弹出"变量选择"对话框，选择"SB1"变量，如图8-1-7（b）所示。或者直接在"抬起功能"勾选"数据对象值操作"，选择"按1清0"。使用同样的方法设置按钮SB2和SB3的功能。

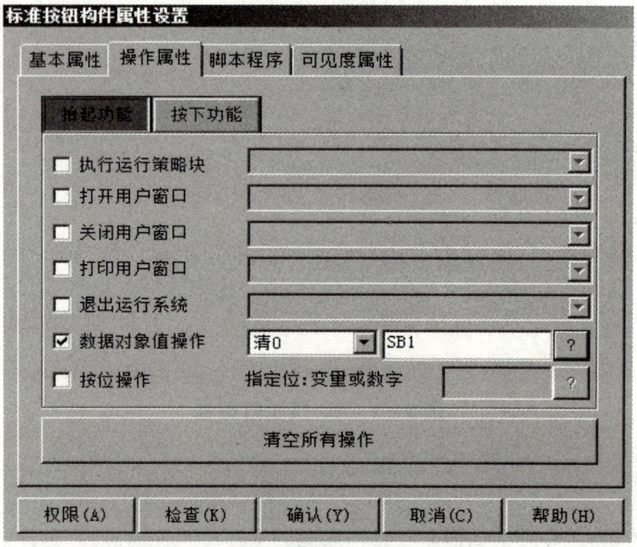

（a）

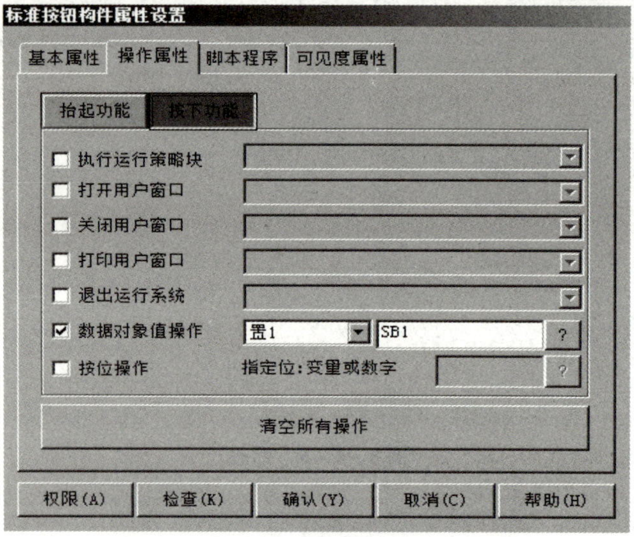

（b）

图8-1-7 按钮操作属性设置

（a）按钮抬起功能；（b）按钮按下功能

②指示灯：双击HL1旁边的指示灯构件，弹出"单元属性设置"对话框，在数据对象页，单击 ![icon] 按钮，选择数据对象"HL1"。使用同样的方法将另外两个指示灯设置与数据

对象 "HL2" 和 "HL3" 对应起来。

4. 设备组态

按照图 8 – 1 – 2 和图 8 – 1 – 3 的添加设备及对父设备进行设置。双击子设备 0，删除所有通道，添加通道，预添加地址 M0、M1、M2，则选择通道类型为 M 寄存器，通道地址为 0，通道个数为 3。使用同样的方法添加 Y0 ~ Y2 三个通道。将每一个通道地址与变量对应。例如对着 M0 通道的连接变量处双击，选择 SB1，如图 8 – 1 – 8 所示。单击 "确认" 按钮，设备组态设置完成。

5. 上位界面下载

单击工具条中的 "下载" 按钮 $\boxed{\downarrow}$，进行下载配置。选择 "联机运行"，连接方式选择 "TCP/IP 网络通信"，目标机名输入触摸屏的 IP 地址，将电脑 IP 与触摸屏 IP 设置在同一个局域网，单击 "工程下载" 即可。如果不下载到触摸屏，则选择 "模拟运行"，直接下载即可。

6. 程序设计

如图 8 – 1 – 9 所示，上位按下 SB1 时，对应 M0 接通，Y0 接通，HL1 亮，松开 SB1，M0 断开，Y0 断开，HL1 灭；上位按下 SB2 时，M1 接通，Y1（HL2）接通并保持接通，同时进行 5 s 定时，时间到后，T0 常开触点接通，Y2（HL3）接通；上位按下 SB3，对应 M2 常闭断开，Y1 断开，T0 复位，Y2 断开。

图 8 – 1 – 8　设备编辑

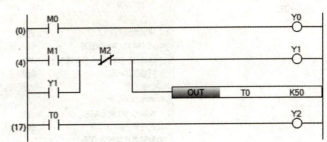

图 8 – 1 – 9　简单控制程序

拓展训练

训练　实现触摸屏和变频器的综合控制

控制要求：在触摸屏上按下 SB 按钮，M 电动机以 15 Hz 启动，再按下 SB1 按钮，M 电动机以 30 Hz 运行，再按下 SB 按钮，M 电动机以 40 Hz 运行，再按下 SB 按钮，M 电动机以 50 Hz 运行，按下停止按钮 SB2，M 电动机停止。触摸屏上显示电动机当前运行频率和运行状态。

上位界面简单控制运动调试结果

拓展训练调试结果

小课堂

能正确审视自己的观点，善于总结和运用经验，调整思路和策略。

任务二 **FX_{5U} 的 MODBUS TCP 协议实现与 HMI 的通信**

相关知识

MODBUS TCP 协议不是三菱 PLC 特有的协议，属于一种开放性的协议，是 Modicon 公司（现在的施耐德电气 Schneider Electric）于 1979 年为使用 PLC 通信而发表的。MODBUS 已经成为工业领域通信协议的业界标准，并且现在是工业电子设备之间常用的连接方式。

（一）FX_{5U} 系列 PLC 以太网端口设置

打开 FX_{5U} 系列 PLC 的编程界面，单击"导航"→"参数"→"模块参数"→"以太网端口"，双击"以太网端口"，在弹出的界面中输入 PLC 新的 IP 地址（也可用旧地址）和子网掩码，如图 8 - 2 - 1（a）所示。再双击"对象设备连接配置设置"，弹出的界面中，在"部件选择"里将"MODBUS/TCP 连接设备"拖入"本站"后面，如图 8 - 2 - 1（b）所示。端口号默认为 502，也可以进行修改，取值范围为 1 ~ 65 535。

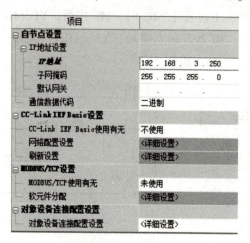

（a）

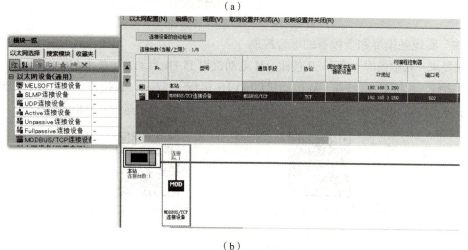

（b）

图 8 - 2 - 1　以太网端口设置

关闭当前界面时，弹出"设备已更新，是否保持"，单击"是"按钮。此时"MODB-US/TCP 设置"的"MODBUS/TCP 使用有无"自动变为"使用"。双击"软元件分配"的"详细设置"，在弹出的界面中，将 Y 和 M（上位界面需要使用到的软元件）对应的"起始 MODBUS 软元件号"更改（也可不更改），另外，"分配点数"后输入需要用到的地址个数。如图 8 - 2 - 2 所示，将 Y0 对应的起始 MODBUS 软元件设置成 99，则地址 Y0 对应 MODBUS 地址为 00100，将 M0 对应的起始 MODBUS 软元件设置成 1999，则地址 M0 对应 MODBUS 地址为 02000。设置好后，单击右下角的"应用"按钮，参数设置完成。

项目	线圈	输入
MODBUS 软元件分配参数	将可编程控制器CPU作为从站，设置用于将MODBUS软元件对应可编程控制器CPU的软元件存储器的参数。	
分配1		
软元件	Y0	X0
起始 MODBUS 软元件号	99	0
分配点数	1024	1024
分配2		
软元件	M0	
起始 MODBUS 软元件号	1999	0
分配点数	7680	0

图 8 - 2 - 2　MODBUS 软元件分配

（二）上位界面通信设置

打开 MCGS 嵌入版组态软件，双击"设备窗口"菜单栏，添加"通用 TCP/IP 父设备"和"莫迪康 ModbusTCP"子设备，如图 8 - 2 - 3 所示。如果设备工具箱中没有，则需要进入"设备管理"中进行添加。

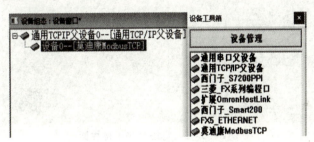

图 8 - 2 - 3　设备窗口设置

双击"通用 TCPIP 父设备 0"，在弹出的窗口进行基本属性设置，如图 8 - 2 - 4 所示。本地 IP 地址：触摸屏的 IP 地址，如果用计算机进行模拟运行，则此处可以不填写；本地端口号：默认 0 不能改变；远程 IP 地址：上位要连接的 PLC 的 IP 地址，和 FX_{5U} 系列 PLC 以太网端口设置中的 IP 地址一致；远程端口号：和 FX_{5U} 系列 PLC 以太网端口设置中 MODBUS 连接设备的端口号一致，设置为 502。

应用实施

灯塔之光的控制

1. 控制要求

上位和现场的按钮均可控制灯塔之光的启停，指示灯上位界面和实际设备同步。按下 SB1 按钮时，L1 亮，2 s 后 L2、L3、L4、L5 亮，2 s 后 L6、L7、L8、L9 亮……如此循环。按下停止按钮 SB2，都熄灭。上位界面如图 8 - 2 - 5 所示。

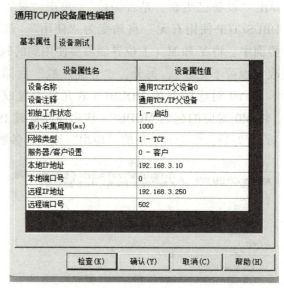

图 8－2－4　通用 TCP/IP 设备属性设置

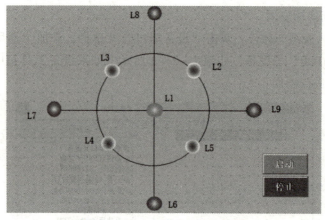

图 8－2－5　灯塔之光上位界面

2. I/O 地址分配

I/O 地址分配表见表 8－2－1。

表 8－2－1　I/O 地址分配表

输入信号		输出信号	
名称	地址	名称	地址
SB1	X0	L1	Y0
SB2	X1	L2、L3、L4、L5	Y1
		L6、L7、L8、L9	Y2

3. 画面制作

(1) 创建工程

①鼠标单击"文件"菜单中"新建工程"选项，默认的工程名为"新建工程 X. MCE"（X 表示新建工程的顺序号，如 0、1、2 等）。

②选择"文件"菜单中的"工程另存为"菜单项，弹出文件保存窗口，存到想存的根目录下。

③在文件名一栏内输入"灯塔之光"，单击"保存"按钮，工程创建完毕。

(2) 窗口组态

①在工作台中激活用户窗口，鼠标单击"新建窗口"按钮，建立新画面"窗口 0"。

②放入两个"标准按钮"构件，双击对应按钮，打开"标准按钮构件属性设置"对话框，在基本属性页中将"文本"分别修改为"启动按钮"和"停止按钮"，单击"确认"按钮保存。在按钮的操作属性的"抬起功能"下勾选"数据对象值操作"，选择"按 1 松 0"功能，右边的数据对象直接填入"SB1"（自由命名，中英文都可），单击"确认"按钮后，弹出"组态错误，SB1 未知对象"的提示，单击"确认"按钮后，弹出"数据对象属性设置"窗口，对象类型改为开关型，单击"确认"按钮，则自动在实时数据库中新建了"SB1"这个变量，省去了实时数据库新增变量这一步骤。停止按钮的属性设置方法一样，数据对象填入"SB2"。

③找到工具箱中的"常用符号"图标 ，选中"三维圆球"，添加到直线和圆上相应的位置。改变三维球的"静态属性"，让球的颜色和外观尽量美观一些。

④三维球可见度设置，如图 8 - 2 - 6 所示，在表达式中填入"L01"，选择当表达式非零时，对应图符可见。单击"确认"后，弹出"组态错误，L01 未知对象"的提示，单击"确认"按钮，弹出"数据对象属性设置"窗口，对象类型改为开关型，单击"确认"按钮，则自动在实时数据库中新建了"L01"这个变量。使用同样的方法设置中间 4 个球 L2 ~ L5，可见度对应表达式为 L25。设置外围 4 个球 L6 ~ L9，可见度对应表达式为 L69。

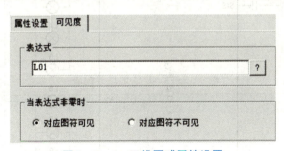

图 8 - 2 - 6　三维圆球属性设置

4. 设备组态

按照图 8 - 2 - 1 ~ 图 8 - 2 - 3 添加设备及对父设备进行设置。双击子设备 0，删除所有通道，添加通道，通道类型选择"［0 区］输出继电器"，通道地址填入 100，如图 8 - 2 - 7 所示，确认后新建了 00100 的通道，在连接变量中加入 L01。使用同样的方法新建 00101、00102、02000、02001 这几个通道，分别连接变量 L25、L69、SB1、SB2。根据图 8 - 2 - 2

的对应关系，上位通道00100对应PLC中的Y0地址，上位通道00101对应PLC中的Y1地址，上位通道00102对应PLC中的Y2地址。上位通道02000对应PLC中的M0地址，上位通道02001对应PLC中的M1地址，则PLC编程让Y0得电，上位界面00100通道接通，将00100变量与L01连接，窗口里的指示灯L01点亮。设备窗口编辑完成后，如图8-2-8所示。

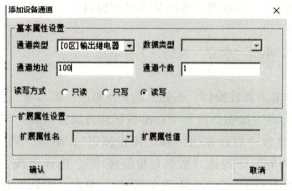

图8-2-7 设备通道添加

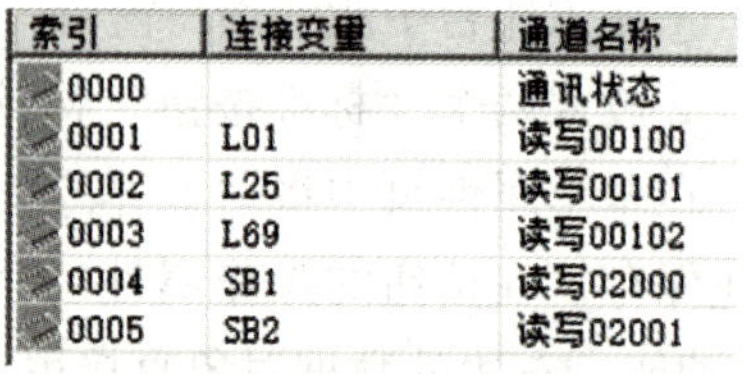

图8-2-8 设备编辑窗口

5. 上位界面下载

单击工具条中的"下载"按钮 ，进行下载配置。选择"联机运行"，连接方式选择"TCP/IP网络通信"，目标机名处输入触摸屏的IP地址，将电脑IP与触摸屏IP设置在同一个局域网，单击"工程下载"即可。如果不下载到触摸屏，则选择"模拟运行"，直接下载即可。

6. 硬件接线图

灯塔之光PLC接线图如图8-2-9所示。

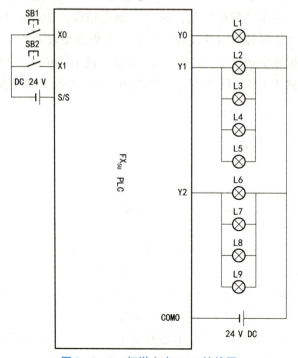

图8-2-9 灯塔之光PLC接线图

7. 程序设计

如图 8 – 2 – 10 所示，上位按下 SB1 时，对应 M0 接通，或者现场按下 SB1 按钮 X0 接通，进行 6 s 定时，同时 Y0 接通，对应界面的 L1 亮并可见，实物 L1 亮；过 2 s 时间 Y1 接通，对应 L2~L5 亮并可见，实物 L2~L5 亮；再过 2 s 时间 Y2 接通，对应 L6~L9 亮并可见，实物 L6~L9 亮，然后循环；上位按下 SB2，对应 M1 常闭断开，或者现场按下 SB2 按钮，X1 常闭断开，所有灯灭。

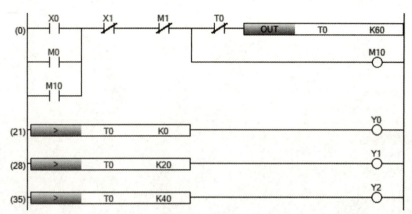

图 8 – 2 – 10　灯塔之光程序

拓展训练

训练　实现触摸屏和伺服电动机的综合控制

控制要求：在触摸屏上按下 SB1，指示灯 HL1 以 0.5 Hz 频率运行。电动机 M 以 5 Hz 正转启动，每隔 3 s 频率加 5 Hz 正转运行，依次为 10 Hz、15 Hz、20 Hz、…、50 Hz。运行中按下停止按钮 SB2，M 立即停止。

小课堂

榜样力量屠呦呦：第一位获诺贝尔科学奖项的中国本土科学家，诺贝尔科学奖项是中国医学界迄今为止获得的最高奖项，也是中医药成果获得的最高奖项。

灯塔之光
调试结果

拓展训练
调试结果

PLC 应用技术任务清单
（FX$_{5U}$ 系列）

主　编　陈　娟　尹智龙
副主编　李绘英　周　军　石　宏
　　　　余　波　杨弟平　梁培辉

北京理工大学出版社
BEIJING INSTITUTE OF TECHNOLOGY PRESS

目 录

项目一　FX₅ᵤ系列 PLC 对三相异步电动机的控制 ……………………………………… 1

　　任务一　GX Works3 软件安装与使用 ……………………………………………… 1

　　任务二　三相异步电动机的正反转控制 …………………………………………… 5

　　任务三　三相异步电动机的点动与连续控制 ……………………………………… 9

　　任务四　三相异步电动机的单按钮启停控制 ……………………………………… 13

项目二　FX₅ᵤ系列 PLC 常用指令的应用 ……………………………………………… 17

　　任务一　定时器实现彩灯闪烁控制 ………………………………………………… 17

　　任务二　计数器实现地下停车场出入口管制控制 ………………………………… 21

项目三　FX₅ᵤ系列 PLC 基本指令的应用 ……………………………………………… 25

　　任务一　比较指令实现十字路口交通灯控制 ……………………………………… 25

　　任务二　音乐喷泉的设计 …………………………………………………………… 29

　　任务三　数码显示控制 ……………………………………………………………… 33

项目四　FX₅ᵤ系列 PLC 的顺序控制设计法 …………………………………………… 37

　　任务一　液体混合控制 ……………………………………………………………… 37

　　任务二　钻床钻孔控制 ……………………………………………………………… 42

　　任务三　开关门控制 ………………………………………………………………… 46

项目五　FX₅ᵤ系列 PLC 的模拟量控制 ………………………………………………… 50

　　任务一　模拟量输入控制 …………………………………………………………… 50

　　任务二　模拟量输出控制 …………………………………………………………… 54

项目六　FX₅ᵤ系列 PLC 对变频器的控制 ……………………………………………… 57

　　任务一　基于 PLC 的数字量方式多段速控制 …………………………………… 57

　　任务二　基于 PLC 的模拟量方式变频调速控制 ………………………………… 61

项目七　FX₅ᵤ系列 PLC 对 MELSERVO – JE 系列伺服的控制 …………………… 65

　　任务一　FX₅ᵤ系列 PLC 子程序的应用 ………………………………………… 65

任务二　FX₅ᵤ系列 PLC 对 MR – JE – A 系列伺服的控制 ……………………… 69

任务三　FX₅ᵤ系列 PLC 对 MR – JE – B 系列伺服的控制……………………… 73

项目八　FX₅ᵤ系列 PLC 与 HMI 的综合应用 ………………………………… 77

任务一　FX₅ᵤ的 SLMP 协议实现与 HMI 的通信 ………………………………… 77

任务二　FX₅ᵤ的 MODBUS TCP 协议实现与 HMI 的通信……………………… 81

FX$_{5U}$系列PLC对三相异步电动机的控制

任务一 GX Works3 软件安装与使用

任务清单

任务名称	任务内容
任务目标	1. 掌握 GX Works3 编程软件的安装方法； 2. 掌握 GX Works3 编程软件的程序输入方法； 3. 掌握 GX Works3 编程软件的编程及下载步骤； 4. 了解 GX Works3 编程软件的其他使用规则。
任务要求	下载 GX Works3 编程软件，安装软件，并初步使用 GX Works3 编程软件输入程序。

任务分组				
	班级	组别		指导老师
	组长	学号		
	组员	姓名	学号	

任务准备	课前预习：根据以下引导问题准备预习内容。 **预习问题 1** GX Works3 编程软件的下载步骤是什么？ _____

任务准备

预习问题 2

GX Works3 编程软件的安装环境要求是什么？

_____

_____

预习问题 3

你怎样启用 NET Framework 3.5 功能？

_____

预习问题 4

你查询的 GX Works3 编程软件的序列号是什么？

_____

预习问题 5

GX Works3 编程软件支持几种编程语言？

_____

_____

任务实施

1. 新建工程

系列选择_____，机型选择_____，编程语言选择_____。

2. 模块配置图中更改 CPU 型号

根据现场 PLC 的型号，将模块配置图中 CPU 型号改为与现场设备对应的型号。

更改 CPU 型号的方法：

_____

_____

_____

3. 输入以下程序（图 1-1-1）

图 1-1-1　点动控制程序

方法 1：

将光标放置在需要输入的位置，双击或者直接用键盘输入_____和_____指令。

方法 2：

将光标放置在需要输入的位置，在工具栏中选中_____或者按快捷键_____，再输入地址_____和_____。

方法 3：

在编辑窗口右侧的_____窗口中，选中_____和_____，拖到指定位置，在对应的"?"号地方输入地址_____和_____。

4. 转换程序

转换程序的方法：

_____

_____

5. PLC 的 IP 地址设置

将 PLC 的 IP 地址设置成2.2.0.1，子网掩码设置成255.255.0.0，将计算机的 IP 地址设置成2.2.2.2，子网掩码设置成255.255.0.0。

6. 程序下载

下载前，需要_____（实训室已连接好），然后选择菜单栏"在线"下面的_____，选择"直接连接设置"的"以太网"，单击_____，通信成功后，单击_____，再在工具栏中选择_____，在弹出的在线数据操作窗口勾选"程序+参数"或者"全选"，程序开始下载。

7. 程序运行与监控

程序下载完成后，单击工具栏中的_____，此时 CPU 模块的_____指示灯不亮，需要在硬件上进行复位，复位过程为_____，

_____，复位完成后，运行指示灯亮。

单击工具栏中的_____，可以对程序进行在线监控。对着 X0 右击，选择调试的_____，则将 X0 的值从0变成了1，对应 Y0 _____。再单击一次调试的_____，则将 X0 的值从1变成了0，对应 Y0 _____。

8. 调试结果监看

在编程窗口的任意地方右击，选择_____ 的_____。在弹出的监看1窗口中对着_____双击，分别在第一行和第二行输入想要监看的地址_____ 和_____。对着监看1窗口的任意地方右击，选择_____，则可以监看 X0 和 Y0 具体的值。停止监看时，同样对着监看1窗口的任意地方右击，选择_____，即可停止监看。

9. 梯形图注释功能

完成教材中图1-1-35的注释功能。

10. 输入以下程序（图1-1-2）

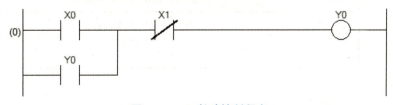

图1-1-2 长动控制程序

在原来的基础上修改程序，并下载程序，模拟调试程序监看结果。

任务评价	完成任务实施内容后，各组代表展示作品，并完成评价表 1 – 1 – 1 和表 1 – 1 – 2。

表 1 – 1 – 1　组长评价表

班级：		姓名：		学号：	
任务：图 1 – 1 – 1 点动程序输入与调试					
评分项目	评分标准			分值	得分
理论填写	问题正确率 100% 满分，每下降 10 个点扣 2 分			20	
完成时间	30 分钟内满分，每多 5 分钟扣 2 分			20	
技能训练	操作完成率 100% 满分，每下降 10 个点扣 3 分			30	
工作态度	态度端正，无迟到旷到、无玩手机现象			10	
职业素养	安全生产、保护环境、爱护设施			10	
拓展训练	任务实施中第 10 点完成情况			10	
合计				100	

表 1 – 1 – 2　教师评价表

班级：		姓名：		学号：	
任务：图 1 – 1 – 1 点动程序输入与调试					
评分项目	评分标准			分值	得分
理论填写	问题正确率 100% 满分，每下降 10 个点扣 2 分			20	
完成时间	30 分钟内满分，每多 5 分钟扣 2 分			20	
技能训练	操作完成率 100% 满分，每下降 10 个点扣 3 分			20	
工作态度	态度端正，无迟到旷到、无玩手机现象			10	
职业素养	安全生产、保护环境、爱护设施			10	
拓展训练	任务实施中第 9 点完成情况			10	
成果展示	能准确表达工作过程			10	
合计				100	

任务反思	课堂教学中遇到的难题是什么？解决的办法是什么？

任务二　三相异步电动机的正反转控制

任务清单

任务名称	任务内容
任务目标	1. 了解 FX₅ᵤ 系列 PLC 的硬件结构； 2. 掌握 FX₅ᵤ 系列 PLC 的外部接线方法； 3. 掌握 FX₅ᵤ 系列 PLC 的基本指令； 4. 了解互锁的概念并灵活应用； 5. 掌握 FX₅ᵤ 系列 PLC 对三相异步电动机的正反转控制。
任务要求	用 PLC 实现三相异步电动机的正反转控制。按下正转启动按钮，电动机启动并正向运转；按下停止按钮，电动机停止；按下反转启动按钮，电动机启动并反向运转。正转和反转不能同时接通。

任务分组				
班级		组别		指导老师
组长		学号		

	姓名	学号
组员		

| 任务准备 | 课前预习：根据以下引导问题准备预习内容。
预习问题 1
FX₅ᵤ 系列 PLC 的硬件结构包括什么？

预习问题 2
FX₅ᵤ 系列 PLC 的 CPU 模块按照电源及输入输出形式分成几类？ |

任务准备

预习问题 3

根据电源及输入输出形式分类，FX$_{5U}$系列 PLC 分成几类？

_____

_____

预习问题 4

CPU 状态指示灯有几个？分别表示什么意义？

_____

_____

预习问题 5

三相异步电动机正反转控制在哪些场合有应用？

_____

_____

预习问题 6

画出三相异步电动机正反转的主电路图。

任务实施

1. I/O 分配表

根据任务要求，完成表 1-2-1 的 I/O 分配表。

表 1-2-1 I/O 分配表

输入信号			输出信号		
符号名称	触点形式	地址	符号名称	触点形式	地址

<table>
<tr><td rowspan="99">任务实施</td><td>

2. PLC 硬件电路设计

（1）按照输入回路电流的方向，可分为_____和_____。漏型输入公共端 S/S 接_____，源型输入公共端 S/S 接_____。对于 NPN 型传感器，按照____型输入接线，对于 PNP 型传感器，按照____型输入接线。

（2）输出回路分为_____、_____和_____。继电器输出型可以带_____负载，晶体管输出型可以驱动_____负载。

（3）继电器输出型的 PLC 公共端 COM 端可接_____，也可接_____，只要和输入设备公共端共用一对电源即可。晶体管漏型输出的 PLC 公共端 COM 端只能接_____，设备公共端接_____；晶体管源型输出的 PLC 公共端 ＋V 端只能接_____，设备公共端接_____。

（4）按照任务要求，画出 PLC 的硬件接线图，并进行硬件接线。

3. 程序设计

（1）输入继电器（X）对应的端口接现场实际的_____、_____、_____等输入信号，输出继电器（Y）对应的端口接现场实际的_____、_____、_____、_____等输出信号。

（2）X 和 Y 寄存器的地址采用_____进制进行编址。

（3）FX₅U系列 PLC 的编程语言有_____、_____、_____、_____。

（4）根据任务要求，画出梯形图程序。

4. 程序下载并调试，写出调试现象

_____

_____

5. 三相异步电动机的自动往返运动控制

仿照三相异步电动机的正反转控制实施步骤，根据正文应用实施中的三相异步电动机的自动往返控制要求，进行接线、程序输入与调试。

</td></tr>
</table>

任务评价	完成任务实施内容后，各组代表展示作品，并完成评价表 1 - 2 - 2 和表 1 - 2 - 3。

表 1 - 2 - 2　组长评价表

班级：	姓名：		学号：	
任务：三相异步电动机的正反转控制				
评分项目	评分标准		分值	得分
理论填写	问题正确率 100% 满分，每下降 10 个点扣 2 分		20	
完成时间	30 分钟内满分，每多 5 分钟扣 2 分		20	
技能训练	操作完成率 100% 满分，每下降 10 个点扣 3 分		30	
工作态度	态度端正，无迟到旷到、无玩手机现象		10	
职业素养	安全生产、保护环境、爱护设施		10	
拓展训练	任务实施中第 5 点完成情况		10	
合计			100	

表 1 - 2 - 3　教师评价表

班级：	姓名：		学号：	
任务：三相异步电动机的正反转控制				
评分项目	评分标准		分值	得分
理论填写	问题正确率 100% 满分，每下降 10 个点扣 2 分		20	
完成时间	30 分钟内满分，每多 5 分钟扣 2 分		20	
技能训练	操作完成率 100% 满分，每下降 10 个点扣 3 分		20	
工作态度	态度端正，无迟到旷到、无玩手机现象		10	
职业素养	安全生产、保护环境、爱护设施		10	
拓展训练	任务实施中第 5 点完成情况		10	
成果展示	能准确表达工作过程		10	
合计			100	

任务反思	课堂教学中遇到的难题是什么？解决的办法是什么？

任务三　三相异步电动机的点动与连续控制

任务清单

任务名称	任务内容
任务目标	1. 掌握 FX$_{5U}$系列 PLC 的 M 指令； 2. 掌握三相异步电动机的点动与连续控制的编程方法； 3. 了解 PLC 控制与继电器－接触器控制思路上的区别； 4. 掌握 FX$_{5U}$系列 PLC 的置复位指令。
任务要求	用 PLC 实现三相异步电动机的点动与连续控制。按下点动启动按钮 SB1，电动机运行，松开 SB1，电动机停止；按下长动启动按钮 SB2，电动机运行，按下停止按钮 SB3，电动机停止。
任务分组	<table><tr><td>班级</td><td></td><td>组别</td><td></td><td>指导老师</td><td></td></tr><tr><td>组长</td><td></td><td>学号</td><td colspan="3"></td></tr><tr><td rowspan="4">组员</td><td colspan="2">姓名</td><td colspan="3">学号</td></tr><tr><td colspan="2"></td><td colspan="3"></td></tr><tr><td colspan="2"></td><td colspan="3"></td></tr><tr><td colspan="2"></td><td colspan="3"></td></tr></table>
任务准备	课前预习：根据以下引导问题准备预习内容。 **预习问题 1** FX$_{5U}$系列 PLC 的 M 寄存器类似于继电器－接触器控制里的什么电器？ **预习问题 2** 继电器－接触器点动与连续控制有几种设计方法？ **预习问题 3** 三相异步电动机点动与连续控制在哪些场合有应用？

<table>
<tr><td rowspan="3">任务准备</td><td>

预习问题 4

热继电器过载保护的形式有几种？分别怎样实现？

_____

_____

预习问题 5

SET 置位指令和 RST 复位指令的意义是什么？

_____

_____

预习问题 6

BKRST、ZRST 的用法是什么？

_____

_____

_____
</td></tr>
</table>

任务实施

1. I/O 分配表

根据任务要求，完成表 1 – 3 – 1 的 I/O 分配表。

表 1 – 3 – 1　I/O 分配表

输入信号			输出信号		
符号名称	触点形式	地址	符号名称	触点形式	地址

2. PLC 硬件电路设计

（1）热继电器的过载保护可分为_____ 和 _____。采用通过 PLC 作用的保护，则将 FR 的_____ 触点接到_____ 的输入端，如果采用不通过 PLC 作用的保护，则将 FR 的_____ 触点接到 PLC 的_____ 回路上。

（2）按照任务要求，画出 PLC 的硬件接线图，并进行硬件接线。

3. 程序设计

（1）根据任务要求，画出梯形图程序。

（2）对比教材中图 1 - 3 - 8 梯形图程序和图 1 - 3 - 9 继电器 - 接触器控制线路图在调试结果上的区别。

任务实施

4. 程序下载并调试，写出调试现象

_____

_____

5. 将任务实施中第 3（1）的梯形图用置复位指令表达，画出梯形图

任务评价	完成任务实施内容后，各组代表展示作品，并完成评价表 1 – 3 – 2 和表 1 – 3 – 3。

表1 – 3 – 2　组长评价表

班级：	姓名：	学号：	
任务：三相异步电动机的点动与连续控制			
评分项目	评分标准	分值	得分
理论填写	问题正确率100%满分，每下降10个点扣2分	20	
完成时间	30分钟内满分，每多5分钟扣2分	20	
技能训练	操作完成率100%满分，每下降10个点扣3分	30	
工作态度	态度端正，无迟到旷到、无玩手机现象	10	
职业素养	安全生产、保护环境、爱护设施	10	
拓展训练	任务实施中第5点完成情况	10	
合计		100	

表1 – 3 – 3　教师评价表

班级：	姓名：	学号：	
任务：三相异步电动机的点动与连续控制			
评分项目	评分标准	分值	得分
理论填写	问题正确率100%满分，每下降10个点扣2分	20	
完成时间	30分钟内满分，每多5分钟扣2分	20	
技能训练	操作完成率100%满分，每下降10个点扣3分	20	
工作态度	态度端正，无迟到旷到、无玩手机现象	10	
职业素养	安全生产、保护环境、爱护设施	10	
拓展训练	任务实施中第5点完成情况	10	
成果展示	能准确表达工作过程	10	
合计		100	

任务反思	课堂教学中遇到的难题是什么？解决的办法是什么？

任务四　三相异步电动机的单按钮启停控制

任务清单

任务名称	任务内容
任务目标	1. 掌握 FX_{5U} 系列 PLC 的几种边沿脉冲指令的用法； 2. 了解 ALT 取反指令的原理； 3. 掌握三相异步电动机单按钮控制的编程方法； 4. 了解晶体管型 PLC 对交流接触器的控制方法。
任务要求	用 PLC 实现三相异步电动机的单按钮控制。按下按钮 SB，电动机运行，松开 SB，电动机保持运行；再按下按钮 SB，电动机停止。即按下 SB 奇数次时，电动机运行；按下偶数次时，电动机停止。

任务分组	

班级		组别		指导老师	
组长		学号			

组员	姓名	学号

任务准备

课前预习：根据以下引导问题准备预习内容。

预习问题 1

FX_{5U} 系列 PLC 的上升沿 –|↑|– 和下降沿 –|↓|– 指令的意义是什么？

_____

预习问题 2

FX_{5U} 系列 PLC 的 MEP 和 MEF 指令的意义是什么？

_____

预习问题 3

FX_{5U} 系列 PLC 的 PLS 和 PLF 指令的意义是什么？

_____

任务准备	**预习问题 4** 单按钮启停控制的编程思路或者编程方法有哪些？ 　 　 **预习问题 5** 怎样实现用晶体管型 PLC 控制交流接触器？ 　
任务实施	**1. I/O 分配表** 根据任务要求，完成表 1 – 4 – 1 的 I/O 分配表。 **2. PLC 硬件电路设计** 按照任务要求，画出 PLC 的硬件接线图，并进行硬件接线。

表 1 – 4 – 1　I/O 分配表

输入信号			输出信号		
符号名称	触点形式	地址	符号名称	线圈形式	地址

3. 程序设计

根据任务要求，画出梯形图程序。

4. 程序下载并调试，写出调试现象

任务实施

5. 用 FX₅ᵤ –64MT/ES 型 PLC 实现单按钮启停控制

画出硬件接线图。

完成任务实施内容后，各组代表展示作品，并完成评价表 1 - 4 - 2 和表 1 - 4 - 3。

表 1 - 4 - 2　组长评价表

班级：	姓名：		学号：
任务：三相异步电动机的单按钮启停控制			
评分项目	评分标准	分值	得分
理论填写	问题正确率 100% 满分，每下降 10 个点扣 2 分	20	
完成时间	30 分钟内满分，每多 5 分钟扣 2 分	20	
技能训练	操作完成率 100% 满分，每下降 10 个点扣 3 分	30	
工作态度	态度端正，无迟到旷到、无玩手机现象	10	
职业素养	安全生产、保护环境、爱护设施	10	
拓展训练	任务实施中第 5 点完成情况	10	
合计		100	

表 1 - 4 - 3　教师评价表

班级：	姓名：		学号：
任务：三相异步电动机的单按钮启停控制			
评分项目	评分标准	分值	得分
理论填写	问题正确率 100% 满分，每下降 10 个点扣 2 分	20	
完成时间	30 分钟内满分，每多 5 分钟扣 2 分	20	
技能训练	操作完成率 100% 满分，每下降 10 个点扣 3 分	20	
工作态度	态度端正，无迟到旷到、无玩手机现象	10	
职业素养	安全生产、保护环境、爱护设施	10	
拓展训练	任务实施中第 5 点完成情况	10	
成果展示	能准确表达工作过程	10	
合计		100	

任务评价

任务反思

课堂教学中遇到的难题是什么？解决的办法是什么？

项目二

FX$_{5U}$系列PLC常用指令的应用

任务一　定时器实现彩灯闪烁控制

任务清单

任务名称	任务内容
任务目标	1. 了解 FX$_{5U}$ 系列 PLC 的定时器分类； 2. 掌握 FX$_{5U}$ 系列 PLC 的定时器工作原理； 3. 掌握定时器控制的脉冲信号发生器设计； 4. 掌握定时器控制的彩灯闪烁电路设计。
任务要求	按下启动按钮 SB1，HL 以 1 Hz 的频率闪烁；按下停止按钮 SB2，HL 灭。
任务分组	<table><tr><td>班级</td><td></td><td>组别</td><td></td><td>指导老师</td><td></td></tr><tr><td>组长</td><td></td><td>学号</td><td colspan="4"></td></tr><tr><td rowspan="4">组员</td><td>姓名</td><td colspan="4">学号</td></tr><tr><td></td><td colspan="4"></td></tr><tr><td></td><td colspan="4"></td></tr><tr><td></td><td colspan="4"></td></tr></table>
任务准备	课前预习：根据以下引导问题准备预习内容。 **预习问题 1** FX$_{5U}$ 系列 PLC 定时器的分类是什么？

任务准备

预习问题 2

FX$_{5U}$系列 PLC 定时器非累积型和累积型的区别是什么？

_____

_____

预习问题 3

FX$_{5U}$系列 PLC 定时器不同精度的刷新方式有区别吗？

_____

预习问题 4

FX$_{5U}$系列 PLC 有哪些常用特殊继电器（SM）？

_____

_____

_____

任务实施

1. I/O 分配表

根据任务要求，完成表 2 – 1 – 1 的 I/O 分配表。

表 2 – 1 – 1　I/O 分配表

输入信号			输出信号		
符号名称	触点形式	地址	符号名称	线圈形式	地址

2. PLC 硬件电路设计

按照任务要求，画出 PLC 的硬件接线图，并进行硬件接线。

3. 程序设计

根据任务要求，画出梯形图程序。

任务实施

4. 程序下载并调试，写出调试现象

_____

_____

_____

5. 1 s 时间脉冲发生器的程序设计

完成任务实施内容后，各组代表展示作品，并完成评价表 2 - 1 - 2 和表 2 - 1 - 3。

表 2 - 1 - 2　组长评价表

班级：	姓名：	学号：	
任务：彩灯闪烁控制			
评分项目	评分标准	分值	得分
理论填写	问题正确率100%满分，每下降10个点扣2分	20	
完成时间	30分钟内满分，每多5分钟扣2分	20	
技能训练	操作完成率100%满分，每下降10个点扣3分	30	
工作态度	态度端正，无迟到旷到、无玩手机现象	10	
职业素养	安全生产、保护环境、爱护设施	10	
拓展训练	任务实施中第5点完成情况	10	
合计		100	

表 2 - 1 - 3　教师评价表

班级：	姓名：	学号：	
任务：彩灯闪烁控制			
评分项目	评分标准	分值	得分
理论填写	问题正确率100%满分，每下降10个点扣2分	20	
完成时间	30分钟内满分，每多5分钟扣2分	20	
技能训练	操作完成率100%满分，每下降10个点扣3分	20	
工作态度	态度端正，无迟到旷到、无玩手机现象	10	
职业素养	安全生产、保护环境、爱护设施	10	
拓展训练	任务实施中第5点完成情况	10	
成果展示	能准确表达工作过程	10	
合计		100	

任务评价

任务反思

课堂教学中遇到的难题是什么？解决的办法是什么？

任务二 计数器实现地下停车场出入口管制控制

任务清单

任务名称	任务内容
任务目标	1. 了解 FX₅ᵤ系列 PLC 的计数器分类； 2. 掌握 FX₅ᵤ系列 PLC 的计数器工作原理； 3. 掌握计数器实现的单按钮启停设计； 4. 掌握计数器控制的地下停车场出入口管制设计。
任务要求	地下停车场的进出车道为单行车道，需设置红绿交通灯来管理车辆的进出，如教材中图 2－2－5 所示。红灯表示禁止车辆进出，绿灯表示允许车辆进出。当有车从一楼出入口处进入地下室时，一楼和地下室出入口处的红灯都亮，绿灯灭，此时禁止车辆从地下室和一楼出入口处进出。直到该车完全通过地下室出入口处，车身全部通过单行车道，绿灯才变亮，允许车辆从一楼或地下室出入口处进出。同样，当有车从地下室出入口处离开进入一楼时，也是必须等到该车完全通过单行车道处，才允许车辆从一楼或地下室出入口处进出。PLC 刚启动时，一楼和地下室出入口处交通灯初始状态为：绿灯亮，红灯灭。

<table>
<tr><td rowspan="3">任务分组</td>
<td colspan="6">

班级		组别		指导老师	
组长		学号			

</td></tr>
</table>

任务分组	班级		组别		指导老师	
	组长		学号			
	组员	姓名	学号			

任务准备	课前预习：根据以下引导问题准备预习内容。 **预习问题 1** FX₅ᵤ系列 PLC 计数器的分类是什么？ _____ **预习问题 2** FX₅ᵤ系列 PLC 计数器和超长计数器的区别是什么？ _____

预习问题 3

FX$_{5U}$ 系列 PLC 计数器和超长计数器的地址范围是什么？

预习问题 4

FX$_{5U}$ 系列 PLC 计数器的工作原理是什么？

任务准备

---

1. I/O 分配表

根据任务要求，完成表 2 – 2 – 1 的 I/O 分配表。

表 2 – 2 – 1　I/O 分配表

输入信号			输出信号		
符号名称	触点形式	地址	符号名称	线圈形式	地址

2. PLC 硬件电路设计

按照任务要求，画出 PLC 的硬件接线图，并进行硬件接线。

任务实施

3. 程序设计

根据任务要求，画出梯形图程序。

4. 程序下载并调试，写出调试现象

_____

_____

_____

任务实施

5. 计数器实现单按钮启停的程序设计

完成任务实施内容后，各组代表展示作品，并完成评价表 2 – 2 – 2 和表 2 – 2 – 3。

表 2 – 2 – 2　组长评价表

班级：	姓名：		学号：	
任务：地下停车场出入口管制				
评分项目	评分标准		分值	得分
理论填写	问题正确率100%满分，每下降10个点扣2分		20	
完成时间	30分钟内满分，每多5分钟扣2分		20	
技能训练	操作完成率100%满分，每下降10个点扣3分		30	
工作态度	态度端正，无迟到旷到、无玩手机现象		10	
职业素养	安全生产、保护环境、爱护设施		10	
拓展训练	任务实施中第5点完成情况		10	
合计			100	

表 2 – 2 – 3　教师评价表

班级：	姓名：		学号：	
任务：地下停车场出入口管制				
评分项目	评分标准		分值	得分
理论填写	问题正确率100%满分，每下降10个点扣2分		20	
完成时间	30分钟内满分，每多5分钟扣2分		20	
技能训练	操作完成率100%满分，每下降10个点扣3分		20	
工作态度	态度端正，无迟到旷到、无玩手机现象		10	
职业素养	安全生产、保护环境、爱护设施		10	
拓展训练	任务实施中第5点完成情况		10	
成果展示	能准确表达工作过程		10	
合计			100	

任务评价

任务反思

课堂教学中遇到的难题是什么？解决的办法是什么？

FX$_{5U}$系列PLC基本指令的应用

任务一　比较指令实现十字路口交通灯控制

任务清单

任务名称	任务内容
任务目标	1. 了解 FX$_{5U}$系列 PLC 的比较指令分类； 2. 掌握 FX$_{5U}$系列 PLC 的各种类型比较指令的工作原理； 3. 掌握比较指令实现的交通灯控制程序设计方法。
任务要求	当按下启动按钮后，南北方向红灯亮 15 s，同时东西方向绿灯亮 10 s，然后以 1 Hz 频率闪烁 3 s，接着东西黄灯亮 2 s；当东西黄灯熄灭后，东西红灯亮 15 s，同时南北绿灯亮 10 s，然后以 1 Hz 频率闪烁 3 s，接着南北黄灯亮 2 s，一个周期运行结束，立即循环。如果按下停止按钮，所有灯灭，重新启动逻辑过程都重新开始。

任务分组

班级		组别		指导老师	
组长		学号			
组员	姓名		学号		

任务准备	课前预习：根据以下引导问题准备预习内容。 **预习问题 1** FX$_{5U}$系列 PLC 比较指令的分类是什么？

任务准备

预习问题 2

FX$_{5U}$系列 PLC 触点型比较指令"AND <"的工作原理是什么？

_____

_____

预习问题 3

FX$_{5U}$系列 PLC 数据比较指令"CMP"的工作原理是什么？

_____

_____

预习问题 4

FX$_{5U}$系列 PLC 区域比较指令"ZCP"的工作原理是什么？

_____

_____

预习问题 5

FX$_{5U}$系列 PLC 块数据比较指令"BKCMP <"的工作原理是什么？

_____

_____

任务实施

1. I/O 分配表

根据任务要求，完成表 3 – 1 – 1 的 I/O 分配表。

表 3 – 1 – 1　I/O 分配表

输入信号			输出信号		
符号名称	触点形式	地址	符号名称	线圈形式	地址

2. PLC 硬件电路设计

按照任务要求，画出 PLC 的硬件接线图，并进行硬件接线。

3. 程序设计

根据任务要求，画出梯形图程序。

任务实施

4. 程序下载并调试，写出调试现象

_____

_____

_____

5. 完成拓展训练中某工件加工的程序设计

完成任务实施内容后，各组代表展示作品，并完成评价表 3 – 1 – 2 和表 3 – 1 – 3。

表 3 – 1 – 2　组长评价表

班级：	姓名：		学号：	
任务：地下停车场出入口管制				
评分项目	评分标准		分值	得分
理论填写	问题正确率 100% 满分，每下降 10 个点扣 2 分		20	
完成时间	30 分钟内满分，每多 5 分钟扣 2 分		20	
技能训练	操作完成率 100% 满分，每下降 10 个点扣 3 分		30	
工作态度	态度端正，无迟到旷到、无玩手机现象		10	
职业素养	安全生产、保护环境、爱护设施		10	
拓展训练	任务实施中第 5 点完成情况		10	
合计			100	

表 3 – 1 – 3　教师评价表

班级：	姓名：		学号：	
任务：地下停车场出入口管制				
评分项目	评分标准		分值	得分
理论填写	问题正确率 100% 满分，每下降 10 个点扣 2 分		20	
完成时间	30 分钟内满分，每多 5 分钟扣 2 分		20	
技能训练	操作完成率 100% 满分，每下降 10 个点扣 3 分		20	
工作态度	态度端正，无迟到旷到、无玩手机现象		10	
职业素养	安全生产、保护环境、爱护设施		10	
拓展训练	任务实施中第 5 点完成情况		10	
成果展示	能准确表达工作过程		10	
合计			100	

任务评价

任务反思

课堂教学中遇到的难题是什么？解决的办法是什么？

任务二　音乐喷泉的设计

任务清单

任务名称	任务内容
任务目标	1. 了解 FX₅U 系列 PLC 的移位指令分类； 2. 掌握 FX₅U 系列 PLC 的各种类型移位指令的工作原理； 3. 掌握移位指令实现的彩灯逐个点亮设计方法； 4. 掌握移位指令实现的彩灯依次点亮设计方法； 5. 掌握移位指令实现的音乐喷泉控制程序设计方法。
任务要求	置位启动开关 SD 为 ON 时，LED 指示灯依次循环显示 1→2→3→…→8→1、2→3、4→5、6→7、8→1、2、3→4、5、6→7、8→1→2→…，模拟当前喷泉"水流"状态，每次间隔 1 s。 置位启动开关 SD 为 OFF 时，LED 指示灯停止显示，系统停止工作。

任务分组

班级		组别		指导老师	
组长		学号			
组员	姓名		学号		

任务准备

课前预习：根据以下引导问题准备预习内容。

预习问题 1

FX₅U 系列 PLC 移位指令的分类是什么？

_____

_____

预习问题 2

FX₅U 系列 PLC 移位指令后加 P 和不加 P 的区别是什么？

_____

_____

预习问题 3

FX$_{5U}$ 系列 PLC 移位指令 SFL 的工作原理是什么？

_____

预习问题 4

FX$_{5U}$ 系列 PLC 移位指令 BSFL 的工作原理是什么？

_____

任务准备

预习问题 5

FX$_{5U}$ 系列 PLC 移位指令 SFTL 的工作原理是什么？

_____

FX$_{5U}$ 系列 PLC 移位指令 ROL 的工作原理是什么？

_____

FX$_{5U}$ 系列 PLC 移位指令 RCL 的工作原理是什么？

_____

任务实施

1. I/O 分配表

根据任务要求，完成表 3 – 2 – 1 的 I/O 分配表。

表 3 – 2 – 1　I/O 分配表

输入信号			输出信号		
符号名称	触点形式	地址	符号名称	线圈形式	地址

任务实施	**2. PLC 硬件电路设计** 按照任务要求，画出 PLC 的硬件接线图，并进行硬件接线。 **3. 程序设计** 根据任务要求，画出梯形图程序。 **4. 程序下载并调试，写出调试现象** ———————————————————————— ———————————————————————— **5. 完成彩灯依次点亮的程序设计**

完成任务实施内容后，各组代表展示作品，并完成评价表 3 - 2 - 2 和表 3 - 2 - 3。

表 3 - 2 - 2　组长评价表

班级：	姓名：	学号：	
任务：音乐喷泉控制			
评分项目	评分标准	分值	得分
理论填写	问题正确率 100% 满分，每下降 10 个点扣 2 分	20	
完成时间	30 分钟内满分，每多 5 分钟扣 2 分	20	
技能训练	操作完成率 100% 满分，每下降 10 个点扣 3 分	30	
工作态度	态度端正，无迟到旷到、无玩手机现象	10	
职业素养	安全生产、保护环境、爱护设施	10	
拓展训练	任务实施中第 5 点完成情况	10	
合计		100	

表 3 - 2 - 3　教师评价表

班级：	姓名：	学号：	
任务：音乐喷泉控制			
评分项目	评分标准	分值	得分
理论填写	问题正确率 100% 满分，每下降 10 个点扣 2 分	20	
完成时间	30 分钟内满分，每多 5 分钟扣 2 分	20	
技能训练	操作完成率 100% 满分，每下降 10 个点扣 3 分	20	
工作态度	态度端正，无迟到旷到、无玩手机现象	10	
职业素养	安全生产、保护环境、爱护设施	10	
拓展训练	任务实施中第 5 点完成情况	10	
成果展示	能准确表达工作过程	10	
合计		100	

任务评价

任务反思

课堂教学中遇到的难题是什么？解决的办法是什么？

任务三　数码显示控制

任务清单

任务名称	任务内容
任务目标	1. 掌握 FX₅U系列 PLC 的七段解码指令的工作原理； 2. 掌握 FX₅U系列 PLC 的 BCD 译码指令的工作原理； 3. 掌握 FX₅U系列 PLC 的自增自减指令应用； 4. 掌握 FX₅U系列 PLC 的加法减法指令应用； 5. 了解 5 s 倒计时程序设计思路； 6. 了解篮球比赛记分牌程序设计思路； 7. 掌握数码循环显示控制程序设计方法。
任务要求	用 LED 数码管间隔显示数字，按下 SB1，依次间隔 2 s 循环显示 0~9 十个数字，按 SB2 依次间隔 2 s 显示 0~9 中奇数，5 s 后，依次间隔 2 s 显示 0~9 中偶数，再 5 s 后，依次间隔 2 s 显示 0~9 中奇数，如此循环。按下 SB3，数码管数值为 0。

任务分组			
班级		组别	指导老师
组长		学号	

	姓名	学号
组员		

任务准备	课前预习：根据以下引导问题准备预习内容。 **预习问题 1** FX₅U系列 PLC 的七段编码指令工作原理是什么？

任务准备	**预习问题 2** FX$_{5U}$系列 PLC 的 BCD 译码指令工作原理是什么？ **预习问题 3** FX$_{5U}$系列 PLC 的自增自减指令工作原理是什么？ **预习问题 4** FX$_{5U}$系列 PLC 的加减法指令工作原理是什么？

1. I/O 分配表

根据任务要求，完成表 3－3－1 的 I/O 分配表。

表 3－3－1 I/O 分配表

输入信号			输出信号		
符号名称	触点形式	地址	符号名称	线圈形式	地址

2. PLC 硬件电路设计

按照任务要求，画出 PLC 的硬件接线图，并进行硬件接线。

（任务实施）

3. 程序设计

根据任务要求，画出梯形图程序。

4. 程序下载并调试，写出调试现象

_____

_____

_____

5. 完成篮球记分牌控制的程序设计

任务实施

完成任务实施内容后，各组代表展示作品，并完成评价表 3 - 3 - 2 和表 3 - 3 - 3。

表 3 - 3 - 2　组长评价表

班级：	姓名：		学号：	
任务：数码管循环显示控制				
评分项目	评分标准		分值	得分
理论填写	问题正确率100%满分，每下降10个点扣2分		20	
完成时间	30分钟内满分，每多5分钟扣2分		20	
技能训练	操作完成率100%满分，每下降10个点扣3分		30	
工作态度	态度端正，无迟到旷到、无玩手机现象		10	
职业素养	安全生产、保护环境、爱护设施		10	
拓展训练	任务实施中第5点完成情况		10	
合计			100	

表 3 - 3 - 3　教师评价表

班级：	姓名：		学号：	
任务：数码管循环显示控制				
评分项目	评分标准		分值	得分
理论填写	问题正确率100%满分，每下降10个点扣2分		20	
完成时间	30分钟内满分，每多5分钟扣2分		20	
技能训练	操作完成率100%满分，每下降10个点扣3分		20	
工作态度	态度端正，无迟到旷到、无玩手机现象		10	
职业素养	安全生产、保护环境、爱护设施		10	
拓展训练	任务实施中第5点完成情况		10	
成果展示	能准确表达工作过程		10	
合计			100	

任务评价

任务反思

课堂教学中遇到的难题是什么？解决的办法是什么？

FX₅ᵤ系列PLC的顺序控制设计法

任务一 液体混合控制

任务清单

任务名称	任务内容
任务目标	1. 掌握 FX$_{5U}$ 系列 PLC 的单支路顺序功能图画法； 2. 掌握 FX$_{5U}$ 系列 PLC 的顺序功能图转变成梯形图的规律； 3. 掌握 FX$_{5U}$ 系列 PLC 的 STL 步进指令用法； 4. 掌握三种液体混合控制的顺序控制程序设计。
任务要求	①按下启动按钮 SB1，电磁阀 Y1、Y2 打开，进 A、B 液体。 ②罐中液位上升，当液面到达液位检测信号 L2 时，Y1、Y2 关闭，同时 Y3 打开，进 C 液体。 ③当液面到达液位检测信号 L1 时，Y3 关闭，停止进液体，电动机 M 运行，搅拌机开始搅拌。 ④搅拌 20 min 后，电动机 M 停止，同时电炉 H 开始加热。 ⑤当罐中温度达到设定值时，温度传感器 T 发出信号，此时电炉停止加热，同时电磁阀 Y4 打开，放出混合液。 ⑥随着液体流出，液位下降，当降至低液位 L3 时，再放 5 s，以保证容器中残留混合液彻底放空。又开始进液体，进入下一周期工作。任意时刻按下停止按钮 SB2 时，各路输出均停止工作。

班级		组别		指导老师	
组长		学号			

<table>
<tr><td rowspan="4">任务分组</td><td rowspan="4">组员</td><td>姓名</td><td colspan="2">学号</td></tr>
<tr><td></td><td colspan="2"></td></tr>
<tr><td></td><td colspan="2"></td></tr>
<tr><td></td><td colspan="2"></td></tr>
</table>

任务准备

课前预习：根据以下引导问题准备预习内容。

预习问题 1

FX$_{5U}$系列 PLC 顺序功能图的绘制方法有几种？

_____

_____

预习问题 2

FX$_{5U}$系列 PLC 启保停结构顺序控制程序编写规律是什么？

_____

_____

预习问题 3

FX$_{5U}$系列 PLC 置复位 M 中间步结构顺序控制程序编写规律是什么？

_____

_____

预习问题 4

FX$_{5U}$系列 PLC 置 STL 步进指令顺序控制程序编写规律是什么？

_____

_____

_____

1. I/O 分配表

根据任务要求，完成表 4 – 1 – 1 的 I/O 分配表。

表 4 – 1 – 1　I/O 分配表

输入信号			输出信号		
符号名称	触点形式	地址	符号名称	线圈形式	地址

2. PLC 硬件电路设计

按照任务要求，画出 PLC 的硬件接线图，并进行硬件接线。

3. 顺序功能图绘制

根据任务要求，画出顺序功能图。

任务实施

4. 程序设计

根据顺序功能图，编写梯形图程序。

5. 程序下载并调试，写出调试现象

_____

_____

6. 完成自动成型机的顺序功能图设计

任务实施

完成任务实施内容后，各组代表展示作品，并完成评价表 4 - 1 - 2 和表 4 - 1 - 3。

表 4 - 1 - 2　组长评价表

班级：	姓名：	学号：	
任务：液体混合控制			
评分项目	评分标准	分值	得分
理论填写	问题正确率100%满分，每下降10个点扣2分	20	
完成时间	30分钟内满分，每多5分钟扣2分	20	
技能训练	操作完成率100%满分，每下降10个点扣3分	30	
工作态度	态度端正，无迟到旷到、无玩手机现象	10	
职业素养	安全生产、保护环境、爱护设施	10	
拓展训练	任务实施中第6点完成情况	10	
合计		100	

表 4 - 1 - 3　教师评价表

班级：	姓名：	学号：	
任务：液体混合控制			
评分项目	评分标准	分值	得分
理论填写	问题正确率100%满分，每下降10个点扣2分	20	
完成时间	30分钟内满分，每多5分钟扣2分	20	
技能训练	操作完成率100%满分，每下降10个点扣3分	20	
工作态度	态度端正，无迟到旷到、无玩手机现象	10	
职业素养	安全生产、保护环境、爱护设施	10	
拓展训练	任务实施中第6点完成情况	10	
成果展示	能准确表达工作过程	10	
合计		100	

任务评价

任务反思

课堂教学中遇到的难题是什么？解决的办法是什么？

任务二　钻床钻孔控制

任务清单

任务名称	任务内容
任务目标	1. 掌握 FX$_{5U}$系列 PLC 的并行序列结构顺序功能图画法； 2. 掌握 FX$_{5U}$系列 PLC 的并行序列结构的梯形图编程方法； 3. 掌握剪板机控制的顺序控制程序设计； 4. 掌握钻床钻孔控制的顺序控制程序设计。
任务要求	某专用钻床用两只大小不同的钻头同时钻两个孔。 ①初始状态：开始自动运行之前，两个钻头在最上面，压下对应的上限位开关，X3 和 X5 为 ON，夹紧工件设备处于放松状态，放松检测开关 X6 位 ON。 ②操作人员放好工件后，按下启动按钮 SB，工件被夹紧后，两只钻头同时开始下行，钻到由限位开关 X2 和 X4 设定的深度时分别上行，回到限位开关 X3 和 X5 设定的起始位置时，分别停止上行。 ③两个钻床都到位后，工件被松开，松开到位后，加工结束，系统返回初始状态。

| 任务分组 | <table><tr><td>班级</td><td></td><td>组别</td><td></td><td>指导老师</td><td></td></tr><tr><td>组长</td><td></td><td>学号</td><td colspan="4"></td></tr><tr><td rowspan="4">组员</td><td>姓名</td><td colspan="5">学号</td></tr><tr><td></td><td colspan="5"></td></tr><tr><td></td><td colspan="5"></td></tr><tr><td></td><td colspan="5"></td></tr></table> |

| 任务准备 | 课前预习：根据以下引导问题准备预习内容。
预习问题 1
FX$_{5U}$系列 PLC 并行序列结构顺序功能图的绘制特点是什么？ |

预习问题2

剪板机的控制过程是什么？

_____

_____

预习问题3

FX$_{5U}$系列 PLC 并行序列结构中，最后合并的步如果没有输出动作，仅作为转移条件，有几种表达方式？

_____

_____

任务准备

1. I/O 分配表

根据任务要求，完成表 4 – 2 – 1 的 I/O 分配表。

表 4 – 2 – 1　I/O 分配表

输入信号			输出信号		
符号名称	触点形式	地址	符号名称	线圈形式	地址

2. PLC 硬件电路设计

按照任务要求，画出 PLC 的硬件接线图，并进行硬件接线。

任务实施

3. 顺序功能图绘制

根据任务要求，画出顺序功能图。

4. 程序设计

根据顺序功能图，编写梯形图程序。

任务实施

5. 程序下载并调试，写出调试现象

6. 完成剪板机的顺序功能图设计

完成任务实施内容后，各组代表展示作品，并完成评价表 4 - 2 - 2 和表 4 - 2 - 3。

表 4 - 2 - 2　组长评价表

班级：	姓名：	学号：	
任务：钻床钻孔控制			
评分项目	评分标准	分值	得分
理论填写	问题正确率 100% 满分，每下降 10 个点扣 2 分	20	
完成时间	30 分钟内满分，每多 5 分钟扣 2 分	20	
技能训练	操作完成率 100% 满分，每下降 10 个点扣 3 分	30	
工作态度	态度端正，无迟到旷到、无玩手机现象	10	
职业素养	安全生产、保护环境、爱护设施	10	
拓展训练	任务实施中第 6 点完成情况	10	
合计		100	

表 4 - 2 - 3　教师评价表

班级：	姓名：	学号：	
任务：钻床钻孔控制			
评分项目	评分标准	分值	得分
理论填写	问题正确率 100% 满分，每下降 10 个点扣 2 分	20	
完成时间	30 分钟内满分，每多 5 分钟扣 2 分	20	
技能训练	操作完成率 100% 满分，每下降 10 个点扣 3 分	20	
工作态度	态度端正，无迟到旷到、无玩手机现象	10	
职业素养	安全生产、保护环境、爱护设施	10	
拓展训练	任务实施中第 6 点完成情况	10	
成果展示	能准确表达工作过程	10	
合计		100	

任务评价

任务反思

课堂教学中遇到的难题是什么？解决的办法是什么？

任务三 开关门控制

任务清单

任务名称	任务内容
任务目标	1. 掌握 FX$_{5U}$ 系列 PLC 的选择序列结构顺序功能图画法； 2. 掌握 FX$_{5U}$ 系列 PLC 的选择序列结构的梯形图编程方法； 3. 掌握大小球分拣控制的顺序控制程序设计； 4. 掌握开关门控制的顺序控制程序设计。
任务要求	初始状态：自动门处于关闭状态。 ①开门控制，当有人靠近自动门时，感应器检测到信号，执行高速开门动作；当门开到一定位置时，开门减速开关 X1 动作，变为低速开门；当碰到开门极限开关 X2 时，门全部开启。 ②门开启后，定时器 T0 开始延时，若在 2 s 内感应器检测到无人，即转为关门动作。 ③关门控制，先高速关门，当门关到一定位置碰到减速开关 X3 时，改为低速关门，碰到关门极限开关 X4 时停止。 在关门期间，若感应器检测到有人（X0 为 ON），停止关门，T1 延时 1 s 后自动转换为高速开门。

任务分组

班级		组别		指导老师	
组长		学号			

姓名	学号
组员	

任务准备	课前预习：根据以下引导问题准备预习内容。 **预习问题 1** FX$_{5U}$ 系列 PLC 选择序列结构顺序功能图的绘制特点是什么？ ———————————————— **预习问题 2** 大小球分拣的控制过程是什么？ ———————————————— **预习问题 3** FX$_{5U}$ 系列 PLC 中 S 继电器作中间步的梯形图对于相同地址的输出可否重复？有几种表示方式？如果不重复，只写一次输出，放在什么位置？ ————————————————
任务实施	**1. I/O 分配表** 根据任务要求，完成表 4-3-1 的 I/O 分配表。 表 4-3-1　I/O 分配表 {TABLE} **2. PLC 硬件电路设计** 按照任务要求，画出 PLC 的硬件接线图，并进行硬件接线。

表 4-3-1　I/O 分配表

输入信号			输出信号		
符号名称	触点形式	地址	符号名称	线圈形式	地址

<table>
<tr><td rowspan="6">任务实施</td><td>

3. 顺序功能图绘制

根据任务要求，画出顺序功能图。

4. 程序设计

根据顺序功能图，编写梯形图程序。

5. 程序下载并调试，写出调试现象

_____

_____

6. 完成大小球分拣的顺序功能图设计

</td></tr>
</table>

任务评价

完成任务实施内容后，各组代表展示作品，并完成评价表 4 - 3 - 2 和表 4 - 3 - 3。

表 4 - 3 - 2　组长评价表

班级：	姓名：	学号：		
任务：开关门控制				
评分项目	评分标准	分值	得分	
理论填写	问题正确率 100% 满分，每下降 10 个点扣 2 分	20		
完成时间	30 分钟内满分，每多 5 分钟扣 2 分	20		
技能训练	操作完成率 100% 满分，每下降 10 个点扣 3 分	30		
工作态度	态度端正，无迟到旷到、无玩手机现象	10		
职业素养	安全生产、保护环境、爱护设施	10		
拓展训练	任务实施中第 6 点完成情况	10		
合计		100		

任务评价	表 4 - 3 - 3　教师评价表

表 4 - 3 - 3　教师评价表

班级：		姓名：		学号：	
任务：开关门控制					
评分项目	评分标准			分值	得分
理论填写	问题正确率 100% 满分，每下降 10 个点扣 2 分			20	
完成时间	30 分钟内满分，每多 5 分钟扣 2 分			20	
技能训练	操作完成率 100% 满分，每下降 10 个点扣 3 分			20	
工作态度	态度端正，无迟到旷到、无玩手机现象			10	
职业素养	安全生产、保护环境、爱护设施			10	
拓展训练	任务实施中第 6 点完成情况			10	
成果展示	能准确表达工作过程			10	
合计				100	

任务反思

课堂教学中遇到的难题是什么？解决的办法是什么？

FX₅U系列PLC的模拟量控制

任务一　模拟量输入控制

任务清单

任务名称	任务内容
任务目标	1. 掌握 FX$_{5U}$ 系列 PLC 的模拟量输入信号的参数设置； 2. 掌握 FX$_{5U}$ 系列 PLC 的模拟量输入信号的接线方式； 3. 掌握 FX$_{5U}$ 系列 PLC 的模拟量输入信号的程序编写方法； 4. 掌握可变电压给定 FX$_{5U}$ 系列 PLC 的模拟量输入信号的调试方法。
任务要求	采用三菱 FX$_{5U}$ CPU 本体的 AD 转换模块，通过外部 0～10 V 模拟量进行检测，并实现以下功能： 通过滑动变阻器 R 调节外部模拟量输入值，并通过数码管显示当前电压整数值。即当模拟量输入值≥1 V 时，数码管显示 1；当模拟量输入值≥2 V 时，数码管显示2；……；当模拟量输入值≥10 V 时，数码管显示 A。
任务分组	<table><tr><td>班级</td><td></td><td>组别</td><td></td><td>指导老师</td><td></td></tr><tr><td>组长</td><td></td><td>学号</td><td colspan="3"></td></tr><tr><td rowspan="4">组员</td><td colspan="2">姓名</td><td colspan="3">学号</td></tr><tr><td colspan="2"></td><td colspan="3"></td></tr><tr><td colspan="2"></td><td colspan="3"></td></tr><tr><td colspan="2"></td><td colspan="3"></td></tr></table>

任务准备

课前预习：根据以下引导问题准备预习内容。

预习问题 1

FX₅ᵤ系列 PLC 的内置模拟量输入信号的性质（电压型还是电流型）是什么？

_____

预习问题 2

FX₅ᵤ系列 PLC 的内置模拟量输入信号的参数设置是什么？

_____

_____

_____

预习问题 3

FX₅ᵤ系列 PLC 的内置模拟量输入信号接温度传感器的方法是什么？

_____

_____

预习问题 4

FX₅ᵤ系列 PLC 的内置模拟量输入信号的常用特殊寄存器的意义是什么？

_____

_____

_____

任务实施

1. I/O 分配表

根据任务要求，完成表 5 – 1 – 1 的 I/O 分配表。

表 5 – 1 – 1　I/O 分配表

输入信号			输出信号		
符号名称	触点形式	地址	符号名称	线圈形式	地址

2. PLC 硬件电路设计

按照任务要求，画出 PLC 的硬件接线图，并进行硬件接线。

任务实施	**3. 程序设计** 编写梯形图程序。 **4. 程序下载并调试，写出调试现象** _____ _____ **5. 编写拓展训练程序，写出梯形图**

任务评价	完成任务实施内容后，各组代表展示作品，并完成评价表 5 – 1 – 2 和表 5 – 1 – 3。

表 5 – 1 – 2 组长评价表

班级：	姓名：		学号：	
任务：模拟量输入数码管显示控制				
评分项目	评分标准		分值	得分
理论填写	问题正确率 100% 满分，每下降 10 个点扣 2 分		20	
完成时间	30 分钟内满分，每多 5 分钟扣 2 分		20	
技能训练	操作完成率 100% 满分，每下降 10 个点扣 3 分		30	
工作态度	态度端正，无迟到旷到、无玩手机现象		10	
职业素养	安全生产、保护环境、爱护设施		10	
拓展训练	任务实施中第 5 点完成情况		10	
合计			100	

表 5 – 1 – 3　教师评价表

班级：	姓名：		学号：	
任务：模拟量输入数码管显示控制				
评分项目	评分标准		分值	得分
理论填写	问题正确率 100% 满分，每下降 10 个点扣 2 分		20	
完成时间	30 分钟内满分，每多 5 分钟扣 2 分		20	
技能训练	操作完成率 100% 满分，每下降 10 个点扣 3 分		20	
工作态度	态度端正，无迟到旷到、无玩手机现象		10	
职业素养	安全生产、保护环境、爱护设施		10	
拓展训练	任务实施中第 5 点完成情况		10	
成果展示	能准确表达工作过程		10	
合计			100	

任务评价

任务反思

课堂教学中遇到的难题是什么？解决的办法是什么？

任务二　模拟量输出控制

任务清单

任务名称	任务内容
任务目标	1. 掌握 FX₅ᵤ系列 PLC 的模拟量输出信号的参数设置； 2. 掌握 FX₅ᵤ系列 PLC 的模拟量输出信号的接线方式； 3. 掌握 FX₅ᵤ系列 PLC 的模拟量输出信号的程序编写； 4. 掌握 FX₅ᵤ系列 PLC 的模拟量输出信号的调试方法。
任务要求	采用三菱 FX₅ᵤ CPU 本体内置模拟量输出端，实现以下功能：输出周期为 10 s、幅值为 10 V 的三角波。如教材中图 5 - 2 - 9 所示。

任务分组						
	班级		组别		指导老师	
	组长		学号			
	组员	姓名		学号		

| 任务准备 | 课前预习：根据以下引导问题准备预习内容。
预习问题 1
FX₅ᵤ系列 PLC 的内置模拟量输出信号的性质（电压型还是电流型）是什么？

预习问题 2
FX₅ᵤ系列 PLC 的内置模拟量输出信号的参数设置是什么？

预习问题 3
FX₅ᵤ系列 PLC 的内置模拟量输出信号接变频器的方法是什么？ |

任务准备	**预习问题 4** FX$_{5U}$ 系列 PLC 的内置模拟量输出信号的常用特殊寄存器的意义是什么？ _____ _____
任务实施	**1. PLC 硬件电路设计** 按照任务要求，画出 PLC 的硬件接线图，并进行硬件接线。 **2. 程序设计** 编写梯形图程序。 **3. 程序下载并调试，写出调试现象** _____ _____ **4. 编写拓展训练程序，写出梯形图程序**
任务评价	完成任务实施内容后，各组代表展示作品，并完成评价表 5 – 2 – 1 和表 5 – 2 – 2。

表 5 – 2 – 1　组长评价表

班级：		姓名：	学号：	
任务：模拟量输出三角波控制				
评分项目	评分标准		分值	得分
理论填写	问题正确率 100% 满分，每下降 10 个点扣 2 分		20	
完成时间	30 分钟内满分，每多 5 分钟扣 2 分		20	
技能训练	操作完成率 100% 满分，每下降 10 个点扣 3 分		30	
工作态度	态度端正，无迟到旷到、无玩手机现象		10	
职业素养	安全生产、保护环境、爱护设施		10	
拓展训练	任务实施中第 4 点完成情况		10	
合计			100	

任务评价	表5-2-2 教师评价表				
	班级：	姓名：		学号：	
	任务：模拟量输出三角波控制				
	评分项目	评分标准		分值	得分
	理论填写	问题正确率100%满分，每下降10个点扣2分		20	
	完成时间	30分钟内满分，每多5分钟扣2分		20	
	技能训练	操作完成率100%满分，每下降10个点扣3分		20	
	工作态度	态度端正，无迟到旷到、无玩手机现象		10	
	职业素养	安全生产、保护环境、爱护设施		10	
	拓展训练	任务实施中第4点完成情况		10	
	成果展示	能准确表达工作过程		10	
	合计			100	

任务反思

课堂教学中遇到的难题是什么？解决的办法是什么？

项目六

FX₅ᵤ系列PLC对变频器的控制

任务一 基于 PLC 的数字量方式多段速控制

任务清单

任务名称	任务内容
任务目标	1. 掌握 FR – E820 – E 系列变频器的通信方式； 2. 掌握 FR – E820 – E 系列变频器的常用参数意义； 3. 掌握 FR – E820 – E 系列变频器的面板启动方法； 4. 掌握 FR – E820 – E 系列变频器的单段速控制； 5. 掌握 FR – E820 – E 系列变频器的多段速控制。
任务要求	第一次按下 SB1 按钮，M 电动机以 15 Hz 正转启动，第二次按下 SB1 按钮，M 电动机 30 Hz 反转运行，第三次按下 SB1 按钮，M 电动机 20 Hz 正转运行，第四次按下 SB1 按钮，M 电动机 40 Hz 正转运行，第五次按下 SB1 按钮 M 电动机，50 Hz 正转运行，按下停止按钮 SB2，M 停止。

任务分组

班级		组别		指导老师	
组长		学号			

组员	姓名	学号

任务准备	课前预习：根据以下引导问题准备预习内容。 **预习问题 1** FR－E820－E 系列变频器与 E700 系列的区别是什么？ **预习问题 2** FR－E820－E 系列变频器有哪些控制形式？ **预习问题 3** FR－E820－E 系列变频器的参数复位步骤是什么？ **预习问题 4** FR－E820－E 系列变频器的面板启动控制步骤是什么？

1. I/O 分配表

根据任务要求，完成表 6－1－1 的 I/O 分配表。

表 6－1－1　I/O 分配表

输入信号			输出信号		
符号名称	触点形式	地址	符号名称	线圈形式	地址

2. PLC 硬件电路设计

按照任务要求，画出 PLC 的硬件接线图，并进行硬件接线。

任务实施

任务实施	**3. 变频器参数设置** 根据任务要求，写出变频器参数。 **4. 程序设计** 编写梯形图程序。 **5. 程序下载并调试，写出调试现象** **6. 完成拓展训练多段速控制的梯形图**
任务评价	完成任务实施内容后，各组代表展示作品，并完成评价表 6 – 1 – 2 和表 6 – 1 – 3。 **表 6 – 1 – 2　组长评价表** <table><tr><td>班级：</td><td colspan="3">姓名：</td><td colspan="2">学号：</td></tr><tr><td colspan="6" style="text-align:center">任务：5 段速控制</td></tr><tr><td>评分项目</td><td colspan="3">评分标准</td><td>分值</td><td>得分</td></tr><tr><td>理论填写</td><td colspan="3">问题正确率 100% 满分，每下降 10 个点扣 2 分</td><td>20</td><td></td></tr><tr><td>完成时间</td><td colspan="3">30 分钟内满分，每多 5 分钟扣 2 分</td><td>20</td><td></td></tr><tr><td>技能训练</td><td colspan="3">操作完成率 100% 满分，每下降 10 个点扣 3 分</td><td>30</td><td></td></tr><tr><td>工作态度</td><td colspan="3">态度端正，无迟到旷到、无玩手机现象</td><td>10</td><td></td></tr><tr><td>职业素养</td><td colspan="3">安全生产、保护环境、爱护设施</td><td>10</td><td></td></tr><tr><td>拓展训练</td><td colspan="3">任务实施中第 6 点完成情况</td><td>10</td><td></td></tr><tr><td colspan="4" style="text-align:center">合计</td><td>100</td><td></td></tr></table>

表 6 – 1 – 3　教师评价表

班级：	姓名：		学号：		
任务：5 段速控制					
评分项目	评分标准			分值	得分
理论填写	问题正确率 100% 满分，每下降 10 个点扣 2 分			20	
完成时间	30 分钟内满分，每多 5 分钟扣 2 分			20	
技能训练	操作完成率 100% 满分，每下降 10 个点扣 3 分			20	
工作态度	态度端正，无迟到旷到、无玩手机现象			10	
职业素养	安全生产、保护环境、爱护设施			10	
拓展训练	任务实施中第 6 点完成情况			10	
成果展示	能准确表达工作过程			10	
合计				100	

任务评价

任务反思

课堂教学中遇到的难题是什么？解决的办法是什么？

任务二　基于 PLC 的模拟量方式变频调速控制

任务清单

任务名称	任务内容
任务目标	1. 掌握 FR－E820－E 系列变频器外部端子模式的模拟量控制方法； 2. 掌握 PLC 对 FR－E820－E 系列变频器外部端子模式的模拟量控制方法； 3. 掌握 FR－E820－E 系列变频器的以太网模式模拟量控制方法。
任务要求	按下 SB1 按钮，M 电动机以 5 Hz 正转启动，每隔 3 s 频率加 5 Hz 正转运行，依次为 10 Hz、15 Hz、20 Hz、…、50 Hz，运行频率达到 50 Hz 后，电动机 M 运行 5 s 停止，运行中按下停止按钮 SB2，M 立即停止。

任务分组

班级		组别		指导老师	
组长		学号			
组员	姓名		学号		

任务准备

课前预习：根据以下引导问题准备预习内容。

预习问题 1

FR－E820－E 系列变频器常见的控制方法有哪些？

_____

预习问题 2

FR－E820－E 系列变频器外部端子模式控制需要改变的参数有哪些？

_____

任务准备	**预习问题 3** FR – E820 – E 系列变频器的以太网模式模拟量控制与多段速控制的区别是什么？ _____ _____ **预习问题 4** FR – E820 – E 系列变频器的以太网模式模拟量控制参数是什么？ _____

任务实施

1. I/O 分配表

根据任务要求，完成表 6 – 2 – 1 的 I/O 分配表。

表 6 – 2 – 1　I/O 分配表

输入信号			输出信号		
符号名称	触点形式	地址	符号名称	线圈形式	地址

2. PLC 硬件电路设计

按照任务要求，画出 PLC 的硬件接线图，并进行硬件接线。

3. 变频器参数设置

根据任务要求，写出变频器参数。

4. 程序设计

编写梯形图程序。

5. 程序下载并调试，写出调试现象

_____

_____

_____

6. 完成拓展训练以太网模式模拟量控制的梯形图

任务实施

完成任务实施内容后，各组代表展示作品，并完成评价表 6 – 2 – 2 和表 6 – 2 – 3。

表 6 – 2 – 2　组长评价表

班级：	姓名：		学号：	
任务：以太网模式模拟量控制				
评分项目	评分标准		分值	得分
理论填写	问题正确率100%满分，每下降10个点扣2分		20	
完成时间	30分钟内满分，每多5分钟扣2分		20	
技能训练	操作完成率100%满分，每下降10个点扣3分		30	
工作态度	态度端正，无迟到旷到、无玩手机现象		10	
职业素养	安全生产、保护环境、爱护设施		10	
拓展训练	任务实施中第6点完成情况		10	
合计			100	

任务评价

任务评价				
	表6-2-3 教师评价表			
	班级：	姓名：	学号：	
	任务：以太网模式模拟量控制			
	评分项目	评分标准	分值	得分
	理论填写	问题正确率100%满分，每下降10个点扣2分	20	
	完成时间	30分钟内满分，每多5分钟扣2分	20	
	技能训练	操作完成率100%满分，每下降10个点扣3分	20	
	工作态度	态度端正，无迟到旷到、无玩手机现象	10	
	职业素养	安全生产、保护环境、爱护设施	10	
	拓展训练	任务实施中第6点完成情况	10	
	成果展示	能准确表达工作过程	10	
	合计		100	

任务反思

课堂教学中遇到的难题是什么？解决的办法是什么？

项目七

FX₅U系列PLC对MELSERVO-JE 系列伺服的控制

任务一 FX₅U 系列 PLC 子程序的应用

任务清单

任务名称	任务内容
任务目标	1. 掌握 FX₅U 系列 PLC 的子程序调用方法； 2. 掌握 FX₅U 系列 PLC 的子程序调用控制单按钮启动方法； 3. 掌握 FX₅U 系列 PLC 的子程序嵌套调用的方法； 4. 掌握 FX₅U 系列 PLC 的子程序调用对彩灯控制的方法。
任务要求	按下 SB1 时，8 盏灯按照顺序点亮方式每间隔 2 s 逐个点亮并循环；按下 SB2 时，8 盏灯按照逆序点亮方式每间隔 2 s 逐个点亮并循环；按下 SB3 时，8 盏灯以全亮 1 s—全灭 1 s 的周期交替点亮；按下 SB4，8 盏灯灭。
任务分组	<table><tr><td>班级</td><td></td><td>组别</td><td></td><td>指导老师</td><td></td></tr><tr><td>组长</td><td></td><td>学号</td><td colspan="3"></td></tr><tr><td rowspan="4">组员</td><td colspan="2">姓名</td><td colspan="3">学号</td></tr><tr><td colspan="2"></td><td colspan="3"></td></tr><tr><td colspan="2"></td><td colspan="3"></td></tr><tr><td colspan="2"></td><td colspan="3"></td></tr></table>

任务准备	课前预习：根据以下引导问题准备预习内容。
	预习问题 1
	子程序的功能是什么？
	_____
	预习问题 2
	FX5U 系列 PLC 的子程序常用指令是什么？
	_____
	预习问题 3
	FX$_{5U}$系列 PLC 的子程序嵌套调用多少层？
	_____

任务实施

1. I/O 分配表

根据任务要求，完成表 7 – 1 – 1 的 I/O 分配表。

表 7 – 1 – 1　I/O 分配表

输入信号			输出信号		
符号名称	触点形式	地址	符号名称	线圈形式	地址

2. PLC 硬件电路设计

按照任务要求，画出 PLC 的硬件接线图，并进行硬件接线。

任务实施	**3. 程序设计** 编写梯形图程序。 **4. 程序下载并调试，写出调试现象** **5. 完成应用实施中子程序调用对彩灯花样点亮控制的梯形图**
任务评价	完成任务实施内容后，各组代表展示作品，并完成评价表 7 – 1 – 2 和表 7 – 1 – 3。 表 7 – 1 – 2　组长评价表

表 7 – 1 – 2　组长评价表

班级：	姓名：		学号：	
任务：彩灯顺序点亮逆序点亮控制				
评分项目	评分标准		分值	得分
理论填写	问题正确率100%满分，每下降10个点扣2分		20	
完成时间	30分钟内满分，每多5分钟扣2分		20	
技能训练	操作完成率100%满分，每下降10个点扣3分		30	
工作态度	态度端正，无迟到旷到、无玩手机现象		10	
职业素养	安全生产、保护环境、爱护设施		10	
拓展训练	任务实施中第5点完成情况		10	
合计			100	

任务评价

表 7 - 1 - 3　教师评价表

班级：	姓名：		学号：	
任务：彩灯顺序点亮逆序点亮控制				
评分项目	评分标准		分值	得分
理论填写	问题正确率100%满分，每下降10个点扣2分		20	
完成时间	30分钟内满分，每多5分钟扣2分		20	
技能训练	操作完成率100%满分，每下降10个点扣3分		20	
工作态度	态度端正，无迟到旷到、无玩手机现象		10	
职业素养	安全生产、保护环境、爱护设施		10	
拓展训练	任务实施中第5点完成情况		10	
成果展示	能准确表达工作过程		10	
合计			100	

任务反思

课堂教学中遇到的难题是什么？解决的办法是什么？

任务二　FX$_{5U}$ 系列 PLC 对 MR – JE – A 系列伺服的控制

任务清单

任务名称	任务内容
任务目标	1. 了解 MELSERVO – JE – A 系列伺服电动机的基础知识； 2. 掌握 MELSERVO – JE – A 系列伺服电动机的接线方法； 3. 掌握 FX$_{5U}$ 系列 PLC 对 MELSERVO – JE – A 系列伺服电动机的运动控制； 4. 掌握 FX$_{5U}$ 系列 PLC 对 MELSERVO – JE – A 系列伺服电动机回原点控制方法。
任务要求	小车初始位置在 SQ1 处，按下启动按钮 SB，码料小车以 8 mm/s 速度向右行驶 2 cm 停止，2 s 后，码料小车 12 mm/s 速度开始向左运行，至 SQ1 处停止，2 s 后，以 10 mm/s 速度继续向左运行，至 SQ2 处停止，2 s 后，以 8 mm/s 速度继续向左运行，至 SQ3 处停止。伺服电动机每转一圈需要 3 000 脉冲，滑台丝杠螺纹距离为 4 mm。

任务分组

班级		组别		指导老师	
组长		学号			

	姓名	学号
组员		

任务准备

课前预习：根据以下引导问题准备预习内容。

预习问题 1

MELSERVO – JE – A 系列伺服电动机的铭牌意义是什么？

_____

预习问题 2

MELSERVO – JE – A 系列伺服电动机常用的引脚功能是什么？

_____

预习问题 3

MELSERVO – JE – A 系列伺服电动机常用的参数有哪些？

任务准备

预习问题 4

FX_{5U}系列 PLC 对 MELSERVO – JE – A 系列伺服电动机控制的常用指令有哪些？

1. I/O 分配表

根据任务要求，完成表 7 – 2 – 1 的 I/O 分配表。

表 7 – 2 – 1　I/O 分配表

输入信号			输出信号		
符号名称	触点形式	地址	符号名称	线圈形式	地址

任务实施

2. 参数配置

按照任务要求，给出 PLC 参数配置和伺服参数设置。

任务实施	**3. 程序设计** 编写梯形图程序。 **4. 程序下载并调试，写出调试现象** _____ _____ **5. 完成应用实施中回原点功能应用的梯形图**

完成任务实施内容后，各组代表展示作品，并完成评价表 7 – 2 – 2 和表 7 – 2 – 3。

表 7 – 2 – 2　组长评价表

班级：		姓名：	学号：	
任务：回原点功能应用				
评分项目	评分标准		分值	得分
理论填写	问题正确率100%满分，每下降10个点扣2分		20	
完成时间	30分钟内满分，每多5分钟扣2分		20	
技能训练	操作完成率100%满分，每下降10个点扣3分		30	
工作态度	态度端正，无迟到旷到、无玩手机现象		10	
职业素养	安全生产、保护环境、爱护设施		10	
职业素养	安全生产、保护环境、爱护设施		10	
合计			100	

（任务评价）

任务评价				
	表 7 – 2 – 3　教师评价表			
	班级：　　　　　　姓名：　　　　　　学号：			
	任务：回原点功能应用			
	评分项目	评分标准	分值	得分
	理论填写	问题正确率100%满分，每下降10个点扣2分	20	
	完成时间	30分钟内满分，每多5分钟扣2分	20	
	技能训练	操作完成率100%满分，每下降10个点扣3分	20	
	工作态度	态度端正，无迟到旷到、无玩手机现象	10	
	职业素养	安全生产、保护环境、爱护设施	10	
	拓展训练	任务实施中第5点完成情况	10	
	成果展示	能准确表达工作过程	10	
	合计		100	

任务反思

课堂教学中遇到的难题是什么？解决的办法是什么？

任务三　FX$_{5U}$ 系列 PLC 对 MR – JE – B 系列伺服的控制

任务清单

任务名称	任务内容
任务目标	1. 了解 MELSERVO – JE – B 系列伺服电动机的基础知识； 2. 掌握 MELSERVO – JE – B 系列伺服电动机的接线方法； 3. 掌握 FX$_{5U}$ 系列简单运动模块对 MELSERVO – JE – B 系列伺服电动机的控制； 4. 掌握简单运动模块对 MELSERVO – JE – B 系列伺服电动机回原点控制方法。
任务要求	按下 SB 按钮，电动机 M 自动运行到 SQ1 原点位置，再向右（反转）运行 5 cm停止。左限位（正限位）为 SQ2，右限位（反限位）为 SQ3。滑台丝杠螺纹距离 7 cm。

任务分组

班级		组别		指导老师	
组长		学号			

组员	姓名	学号

任务准备

课前预习：根据以下引导问题准备预习内容。

预习问题 1

MELSERVO – JE – B 系列伺服电动机的铭牌意义是什么？

_____

预习问题 2

MELSERVO – JE – B 系列伺服电动机常用的引脚功能是什么？

_____

任务准备	**预习问题 3** FX5 – 40SSC – S 常用的参数有哪些？ ——————————————————————— ——————————————————————— **预习问题 4** FX5 – 40SSC – S 对 MELSERVO – JE – B 系列伺服电动机控制的常用地址有哪些？ ——————————————————————— ——————————————————————— ———————————————————————

1. I/O 分配表

根据任务要求，完成表 7 – 3 – 1 的 I/O 分配表。

表 7 – 3 – 1　I/O 分配表

输入信号			输出信号		
符号名称	触点形式	地址	符号名称	线圈形式	地址

2. 参数配置

按照任务要求，给出 PLC 参数配置和伺服参数设置。

任务实施

任务实施	**3. 程序设计** 编写梯形图程序。 **4. 程序下载并调试，写出调试现象** ———————————— ———————————— **5. 完成拓展训练中激光打印运动控制的梯形图**
任务评价	完成任务实施内容后，各组代表展示作品，并完成评价表 7 – 3 – 2 和表 7 – 3 – 3。 **表 7 – 3 – 2　组长评价表**

班级：	姓名：	学号：		
任务：绝对定位控制应用				
评分项目	评分标准		分值	得分
理论填写	问题正确率 100% 满分，每下降 10 个点扣 2 分		20	
完成时间	30 分钟内满分，每多 5 分钟扣 2 分		20	
技能训练	操作完成率 100% 满分，每下降 10 个点扣 3 分		30	
工作态度	态度端正，无迟到旷到、无玩手机现象		10	
职业素养	安全生产、保护环境、爱护设施		10	
拓展训练	任务实施中第 5 点完成情况		10	
合计			100	

表 7-3-3 教师评价表

班级：	姓名：		学号：	
任务：绝对定位控制应用				
评分项目	评分标准	分值	得分	
理论填写	问题正确率 100% 满分，每下降 10 个点扣 2 分	20		
完成时间	30 分钟内满分，每多 5 分钟扣 2 分	20		
技能训练	操作完成率 100% 满分，每下降 10 个点扣 3 分	20		
工作态度	态度端正，无迟到旷到、无玩手机现象	10		
职业素养	安全生产、保护环境、爱护设施	10		
拓展训练	任务实施中第 5 点完成情况	10		
成果展示	能准确表达工作过程	10		
合计		100		

任务评价

任务反思

课堂教学中遇到的难题是什么？解决的办法是什么？

项目八

FX₅U系列PLC与HMI的综合应用

任务一　FX₅U 的 SLMP 协议实现与 HMI 的通信

任务清单

任务名称	任务内容
任务目标	1. 掌握 FX₅U 系列 PLC 的 SLMP 通信以太网设置方法； 2. 掌握 MCGS 上位通信设置方法； 3. 掌握简单控制的 MCGS 上位界面制作方法。
任务要求	按钮从上位界面上操作，指示灯上位界面和实际设备同步。按下 SB1 按钮时，对应 HL1 点亮，松开 SB1 按钮，对应 HL1 熄灭。按下 SB2 按钮时，对应 HL2 点亮，松开按钮 HL2，继续点亮，同时开始定时，5 s 后，HL3 点亮；按下停止按钮 SB3，HL2 和 HL3 灭；如果 5 s 时间未到时按下 SB3，则 HL2 灭，同时 HL3 不亮。
任务分组	<table><tr><td>班级</td><td></td><td>组别</td><td></td><td>指导老师</td><td></td></tr><tr><td>组长</td><td></td><td>学号</td><td colspan="4"></td></tr><tr><td rowspan="4">组员</td><td colspan="2">姓名</td><td colspan="3">学号</td></tr><tr><td colspan="2"></td><td colspan="3"></td></tr><tr><td colspan="2"></td><td colspan="3"></td></tr><tr><td colspan="2"></td><td colspan="3"></td></tr></table>

任务准备

课前预习：根据以下引导问题准备预习内容。

预习问题 1

FX$_{5U}$ 系列 PLC 连接其他设备的 TCP 通信方式有哪些？

_____

预习问题 2

FX$_{5U}$ 系列 PLC 的 SLMP 协议应用领域是什么？

_____

预习问题 3

FX$_{5U}$ 系列 PLC 的 SLMP 协议以太网端口通信设置步骤是什么？

_____

_____

任务实施

1. I/O 分配表

根据任务要求，完成表 8 – 1 – 1 的 I/O 分配表。

表 8 – 1 – 1　I/O 分配表

输入信号			输出信号		
符号名称	触点形式	地址	符号名称	线圈形式	地址

2. 通信设置

按照任务要求，给出 PLC 和 MCGS 的通信设置。

3. 上位界面按钮和指示灯的操作属性设置

任务实施	**4. 程序设计** 编写梯形图程序。 **5. 程序下载并调试，写出调试现象** _____ _____ **6. 完成拓展训练中触摸屏和变频器的综合控制的通信设置、界面制作和梯形图设计**
任务评价	完成任务实施内容后，各组代表展示作品，并完成评价表 8 – 1 – 2 和表 8 – 1 – 3。 表 8 – 1 – 2　组长评价表

表 8 – 1 – 2　组长评价表

班级：	姓名：	学号：		
任务：简单控制				
评分项目	评分标准		分值	得分
理论填写	问题正确率 100% 满分，每下降 10 个点扣 2 分		20	
完成时间	30 分钟内满分，每多 5 分钟扣 2 分		20	
技能训练	操作完成率 100% 满分，每下降 10 个点扣 3 分		30	
工作态度	态度端正，无迟到旷到、无玩手机现象		10	
职业素养	安全生产、保护环境、爱护设施		10	
拓展训练	任务实施中第 6 点完成情况		10	
合计			100	

任务评价	表8-1-3 教师评价表				
	班级：	姓名：		学号：	
	任务：简单控制				
	评分项目	评分标准	分值	得分	
	理论填写	问题正确率100%满分，每下降10个点扣2分	20		
	完成时间	30分钟内满分，每多5分钟扣2分	20		
	技能训练	操作完成率100%满分，每下降10个点扣3分	20		
	工作态度	态度端正，无迟到旷到、无玩手机现象	10		
	职业素养	安全生产、保护环境、爱护设施	10		
	拓展训练	任务实施中第6点完成情况	10		
	成果展示	能准确表达工作过程	10		
	合计		100		

任务反思	课堂教学中遇到的难题是什么？解决的办法是什么？

任务二　FX_5U 的 MODBUS TCP 协议实现与 HMI 的通信

任务清单

任务名称	任务内容
任务目标	1. 掌握 FX_5U 系列 PLC 的 MODBUS TCP 通信以太网设置方法； 2. 掌握 MCGS 上位实现 MODBUS 通信的设置方法； 3. 掌握灯塔之光的 MCGS 上位界面制作方法。
任务要求	上位界面和场界的按钮均可控制灯塔之光的启停，指示灯上位界面和实际设备同步。按下 SB1 按钮时，L1 亮，2 s 后，L2、L3、L4、L5 亮，2 s 后，L6、L7、L8、L9 亮……如此循环。按下停止按钮 SB2，都熄灭。上位界面如教材中图 8−2−5 所示。

任务分组

班级		组别		指导老师	
组长		学号			

组员	姓名	学号

任务准备

课前预习：根据以下引导问题准备预习内容。

预习问题 1

FX_5U 系列 PLC 的 MODBUS TCP 和 SLMP 通信设置的区别是什么？

_____

预习问题 2

上位界面 MCGS 的 MODBUS TCP 和 SLMP 通信设置的区别是什么？

_____

任务准备	**预习问题 3** FX₅ᵤ系列 PLC 的 MODBUS TCP 协议端口号是否可更改？范围是多少？

1. I/O 分配表

根据任务要求，完成表 8 – 2 – 1 的 I/O 分配表。

表 8 – 2 – 1 I/O 分配表

输入信号			输出信号		
符号名称	触点形式	地址	符号名称	线圈形式	地址

2. 通信设置

按照任务要求，给出 PLC 和 MCGS 的通信设置。

3. 上位界面按钮和指示灯的操作属性设置

任务实施

4. 程序设计

编写梯形图程序。

5. 程序下载并调试，写出调试现象

_____

_____

6. 完成拓展训练中触摸屏和伺服电动机综合控制的通信设置、界面制作和梯形图设计

任务实施

任务评价

完成任务实施内容后，各组代表展示作品，并完成评价表 8 – 2 – 2 和表 8 – 2 – 3。

表 8 – 2 – 2　组长评价表

班级：		姓名：		学号：
任务：灯塔之光控制				
评分项目	评分标准		分值	得分
理论填写	问题正确率 100% 满分，每下降 10 个点扣 2 分		20	
完成时间	30 分钟内满分，每多 5 分钟扣 2 分		20	
技能训练	操作完成率 100% 满分，每下降 10 个点扣 3 分		30	
工作态度	态度端正，无迟到旷到、无玩手机现象		10	
职业素养	安全生产、保护环境、爱护设施		10	
拓展训练	任务实施中第 6 点完成情况		10	
合计			100	

	表 8－2－3　教师评价表			
任务评价	班级：　　　　　　姓名：　　　　　　学号：			
	任务：灯塔之光控制			
	评分项目　　　　　评分标准		分值	得分
	理论填写	问题正确率 100% 满分，每下降 10 个点扣 2 分	20	
	完成时间	30 分钟内满分，每多 5 分钟扣 2 分	20	
	技能训练	操作完成率 100% 满分，每下降 10 个点扣 3 分	20	
	工作态度	态度端正，无迟到旷到、无玩手机现象	10	
	职业素养	安全生产、保护环境、爱护设施	10	
	拓展训练	任务实施中第 6 点完成情况	10	
	成果展示	能准确表达工作过程	10	
	合计		100	

任务反思	课堂教学中遇到的难题是什么？解决的办法是什么？